建筑施工专业
国家技能人才培养
工学一体化课程标准

人力资源社会保障部

中国劳动社会保障出版社

图书在版编目（CIP）数据

建筑施工专业国家技能人才培养工学一体化课程标准 /
人力资源社会保障部编. -- 北京：中国劳动社会保障出
版社，2024. -- ISBN 978-7-5167-6297-4

Ⅰ. TU

中国国家版本馆 CIP 数据核字第 202419560Q 号

中国劳动社会保障出版社出版发行

（北京市惠新东街 1 号　邮政编码：100029）

*

北京鑫海金澳胶印有限公司印刷装订　　　新华书店经销

787 毫米 × 1092 毫米　16 开本　8.5 印张　195 千字

2024 年 7 月第 1 版　　2024 年 7 月第 1 次印刷

定价：25.00 元

营销中心电话：400-606-6496

出版社网址：http://www.class.com.cn

http://jg.class.com.cn

人力资源社会保障部办公厅关于印发 31 个专业国家技能人才培养工学一体化 课程标准和课程设置方案的通知

人社厅函〔2023〕152 号

各省、自治区、直辖市及新疆生产建设兵团人力资源社会保障厅（局）：

为贯彻落实《技工教育"十四五"规划》（人社部发〔2021〕86 号）和《推进技工院校工学一体化技能人才培养模式实施方案》（人社部函〔2022〕20 号），我部组织制定了 31 个专业国家技能人才培养工学一体化课程标准和课程设置方案（31 个专业目录见附件），现予以印发。请根据国家技能人才培养工学一体化课程标准和课程设置方案，指导技工院校规范设置课程并组织实施教学，推动人才培养模式变革，进一步提升技能人才培养质量。

附件：31 个专业目录

人力资源社会保障部办公厅

2023 年 11 月 13 日

31 个专业目录

（按专业代码排序）

1. 机床切削加工（车工）专业
2. 数控加工（数控车工）专业
3. 数控机床装配与维修专业
4. 机械设备装配与自动控制专业
5. 模具制造专业
6. 焊接加工专业
7. 机电设备安装与维修专业
8. 机电一体化技术专业
9. 电气自动化设备安装与维修专业
10. 楼宇自动控制设备安装与维护专业
11. 工业机器人应用与维护专业
12. 电子技术应用专业
13. 电梯工程技术专业
14. 计算机网络应用专业
15. 计算机应用与维修专业
16. 汽车维修专业
17. 汽车钣金与涂装专业
18. 工程机械运用与维修专业
19. 现代物流专业
20. 城市轨道交通运输与管理专业
21. 新能源汽车检测与维修专业
22. 无人机应用技术专业
23. 烹饪（中式烹调）专业
24. 电子商务专业
25. 化工工艺专业
26. 建筑施工专业
27. 服装设计与制作专业
28. 食品加工与检验专业
29. 工业设计专业
30. 平面设计专业
31. 环境保护与检测专业

说　明

为贯彻落实《推进技工院校工学一体化技能人才培养模式实施方案》，促进技工院校教学质量提升，推动技工院校特色发展，依据《〈国家技能人才培养工学一体化课程标准〉开发技术规程》，人力资源社会保障部组织有关专家制定了《建筑施工专业国家技能人才培养工学一体化课程标准》。

本课程标准的开发工作由人力资源社会保障部技工教育和职业培训教材工作委员会办公室、智能制造与智能装备类技工教育和职业培训教学指导委员会共同组织实施。具体开发单位有：组长单位厦门技师学院，参与单位（按照笔画排序）广东省城市技师学院、江西省建筑工程高级技工学校、江苏省徐州技师学院、安徽建工技师学院、陕西建设技师学院、重庆建筑高级技工学校、浙江建设技师学院、湖南建筑高级技工学校。主要开发人员有：苏建斌、肖慕钦、林育林、张国华、王梁英、徐华、魏佳强、刘清、何新德、罗世春、刘彦辰、程根虎、陈垚、张爱明、古娟妮、李文娟、王龙洋、张齐欣、赵路青等，其中苏建斌为主要执笔人。

本课程标准的评审专家有：厦门技师学院林琳、陕西建设技师学院李国年、湖南建筑高级技工学校黄启宝、广州市工贸技师学院李红强、浙江建设技师学院钱正海、临沂市技师学院张鑫、广州市工贸技师学院陈志佳、杭州中测科技有限公司陆军华。

在本课程标准的开发过程中，中国人力资源和社会保障出版集团提供了技术支持并承担了编辑出版工作。此外，在本课程标准的试用过程中，技工院校一线教师、相关领域专家等提出了很好的意见建议，在此一并表示诚挚的谢意。

本课程标准业经人力资源社会保障部批准，自公布之日起执行。

目　录

一、专业信息

（一）专业名称

建筑施工

（二）专业编码

建筑施工专业中级：1102-4

建筑施工专业高级：1102-3

建筑施工专业预备技师（技师）：1102-2

（三）学习年限

建筑施工专业中级：初中起点三年

建筑施工专业高级：高中起点三年、初中起点五年

建筑施工专业预备技师（技师）：高中起点四年、初中起点六年

（四）就业方向

中级技能层级：面向建筑施工行业企业就业，适应建筑施工现场管理职业岗位群（如施工员、安全员、材料员、资料员）等工作岗位要求，胜任中小型建筑工程施工图交底、建筑材料取样、建筑施工测量、施工过程质量检查、工程资料记录与整理、工程量计算、砖砌体砌筑等工作任务。

高级技能层级：面向建筑施工、监理行业企业就业，适应建筑施工现场管理职业岗位群（如施工员、安全员、材料员、资料员、监理员、质量员、绘图员、造价员）等工作岗位要求，胜任大中型建筑工程施工图交底、建筑材料取样、建筑施工测量、施工过程质量检查、工程资料记录与整理、施工图绘制、施工生产管理、建筑工程计量与计价、施工方案编制与实施、砖砌体砌筑、瓷砖镶贴、钢筋制作与安装等工作任务。

预备技师（技师）层级：面向建筑施工、监理行业企业就业，适应建筑施工现场管理职业岗位群（如施工员、安全员、材料员、资料员、监理员、质量员、绘图员、造价员、试验员）等工作岗位要求，胜任大型、特大型建筑工程施工图交底、建筑材料取样、建筑施工测量、施工过程质量检查、施工过程安全检查、工程资料记录与整理、施工图绘制、施工生产管理、建筑工程计量与计价、施工方案编制与实施、砖砌体砌筑、瓷砖镶贴、钢筋制作与安装、模板制作与安装等工作任务。

（五）职业资格／职业技能等级

建筑施工专业中级：砌筑工四级／中级工、钢筋工四级／中级工、工程测量员四级／中级工

建筑施工专业高级：砌筑工三级／高级工、钢筋工三级／高级工、工程测量员三级／高级工

建筑施工专业预备技师（技师）：砌筑工二级／技师、钢筋工二级／技师、工程测量员二级／技师

二、培养目标和要求

（一）培养目标

1. 总体目标

培养面向建设行业、建筑施工企业就业，适应施工员、监理员、质量员、安全员、材料员、资料员、绘图员、造价员等岗位群工作岗位要求，胜任施工图交底、建筑材料取样、建筑施工测量、施工过程质量检查、施工过程安全检查、工程资料记录与整理、施工图绘制、施工生产管理、工程量计算、建筑工程计量与计价、施工方案编制与实施、砖砌体砌筑、瓷砖镶贴、钢筋制作与安装、模板制作与安装等工作任务，具备自主学习、自我管理、信息检索、理解与表达、交往与合作、创新思维、解决问题等通用能力，安全意识、质量意识、规范意识、效率意识、成本意识、环保意识、市场意识、服务意识等职业素养，以及劳模精神、劳动精神、工匠精神等思政素养的技能人才。

2. 中级技能层级

培养面向建筑施工企业就业，适应建筑施工现场管理职业岗位群（如施工员、安全员、材料员、资料员等）的工作，胜任中小型建筑工程施工图交底、建筑材料取样、建筑施工测量、施工过程质量检查、工程资料记录与整理、工程量计算、砖砌体砌筑等工作任务，具备自主学习、自我管理、信息检索、理解与表达、交往与合作、创新思维、解决问题等通用能力，安全意识、质量意识、规范意识、效率意识、成本意识、环保意识、市场意识、服务意识等职业素养，以及劳模精神、劳动精神、工匠精神等思政素养的技能人才。

3. 高级技能层级

培养面向建筑施工、监理企业就业，适应建筑施工现场管理职业岗位群（如施工员、安全员、材料员、资料员、监理员、质量员、绘图员、造价员等）的工作，胜任大中型建筑工程施工图交底、建筑材料取样、建筑施工测量、施工过程质量检查、工程资料记录与整理、施工图绘制、施工生产管理、建筑工程计量与计价、施工方案编制与实施、砖砌体砌筑、瓷砖镶贴、钢筋制作与安装等工作任务，具备自主学习、自我管理、信息检索、理解与表达、交往与合作、创新思维、解决问题等通用能力，安全意识、质量意识、规范意识、效率意识、成本意识、环保意识、市场意识、服务意识等职业素养，以及劳模精神、劳动精神、工匠精神等思政素养的技能人才。

4. 预备技师（技师）层级

培养面向建筑施工、监理企业就业，适应建筑施工现场管理职业岗位群（如施工员、安全员、材料员、资料员、监理员、质量员、绘图员、造价员、试验员等）的工作，胜任大型、特大型建筑工程施工图交底、建筑材料取样、建筑施工测量、施工过程质量检查、施工过程安全检查、工程资料记录与整理、施工图绘制、施工生产管理、建筑工程计量与计价、施工方案编制与实施、砖砌体砌筑、瓷砖镶贴、钢筋制作与安装、模板制作与安装等工作任务，具备自主学习、自我管理、信息检索、理解与表达、交往与合作、创新思维、解决问题等通用能力，安全意识、质量意识、规范意识、效率意识、成本意识、环保意识、市场意识、服务意识等职业素养，以及劳模精神、劳动精神、工匠精神等思政素养的技能人才。

（二）培养要求

建筑施工专业技能人才培养要求见下表。

建筑施工专业技能人才培养要求表

培养层级	典型工作任务	职业能力要求
中级技能	施工图交底	1. 能阅读生产任务单，并读懂施工图，与班组长、工具材料管理员等相关人员进行专业沟通，明确工作任务和技术要求。 2. 能根据《房屋建筑制图统一标准》（GB 50001—2017）、《建筑制图标准》（GB/T 50104—2010）、《混凝土结构施工图平面整体表示方法制图规则和构造详图》（22G101）等现行标准和图集，识读施工图。 3. 能判断当前施工工序的工作内容是否完成，以及下一道施工工序的作业条件是否具备。 4. 能与施工班组进行有效的沟通与合作，并进行施工图交底。 5. 能在作业过程中严格执行企业操作规范、安全生产制度、环保管理制度以及"7S"现场管理制度，严格遵守从业人员的职业道德，具备工作主动、爱岗敬业、严谨细致、认真负责的工作态度和良好的安全意识、质量意识，责任心强。 6. 能填写施工图交底记录表，并整理归档。
	建筑材料取样	1. 能读懂任务书，与见证员、检测机构相关人员进行专业、有效沟通。 2. 能根据任务书区分材料的品种、规格、尺寸等。 3. 能看懂并填写材料取样报审表、信息表等相关表格。 4. 能熟练掌握获取水泥、砂、碎石、钢筋、实心砖、蒸压加气混凝土砌块、改性沥青聚乙烯胎防水卷材、砂浆试块、混凝土试块、钢筋焊接头试件、钢筋机械连接接头等材料取样信息、制定取样方案的方法。 5. 能掌握各类取样工具的使用方法。

培养层级	典型工作任务	职业能力要求
中级技能	建筑材料取样	6. 能根据《建筑工程检测试验技术管理规范》（JGJ 190—2010）规定实施取样、制样、自检、封样、标识、送样等步骤，并明确注意事项（含安全事项）。 7. 能准确判断当前建筑材料取样的工作内容是否完整，结果是否准确。 8. 能按要求准确填写见证取样记录表。 9. 能按"7S"现场管理制度要求整理现场，并将工具归位。
	建筑施工测量	1. 能阅读任务书，与工程项目部相关人员沟通，明确工作内容和要求。 2. 能查看施工现场工作环境，检查现场实地测量位置。 3. 能根据《工程测量标准》（GB 50026—2020）等现行标准和规范、施工图纸、成果测量报告书及实际现场地形绘制施工测量草图，编制测量方案。 4. 能根据施工测量方案，检查测量仪器设备与材料，准备所需测量工具。 5. 能在作业过程中严格执行测量操作规范、安全生产制度、管理制度以及"7S"现场管理制度规定，严格遵守从业人员的职业道德，具备工作主动、爱岗敬业、严谨细致、认真负责的工作态度和良好的安全意识、质量意识，责任心强。 6. 能按施工测量方案和图纸要求组织实施建筑测量，作业过程中要复核数据。 7. 能填写施工测量记录，整理施工测量现场，将施工测量记录表和测量成果交付工程项目部，并归类存档。
	施工过程质量检查	1. 能读懂施工图和施工方案，并根据施工过程特点选择合适的施工方案，必要时与班组长、施工作业人员等相关人员进行沟通，明确施工过程质量检查的内容和要求。 2. 能准确查阅施工工艺标准、技术规程、质量验收规范等相关资料，正确列出质量检查的内容、方法与规范，记录相关质量验收标准，正确取用相关质量检测仪器设备。 3. 能根据建筑施工质量验收规范要求并结合图纸，通过视觉检查法、量测检查法、试验检查法等方法对施工现场的基础工程、主体工程、防水工程、装饰工程、屋面工程及建筑节能工程等进行质量检查。 4. 能判别常见工程质量问题，确定处理办法，按要求填写施工质量验收记录，对存在的质量隐患提出改进措施并督促整改。 5. 能按要求整理施工质量验收记录，形成质量验收报告，上报工程项目部。 6. 能在作业过程中严格执行企业操作规范、安全生产制度、质量管理制度以及验收规定，严格遵守从业人员的职业道德，具备工作主动、爱岗敬

培养层级	典型工作任务	职业能力要求
中级技能	施工过程质量检查	业、严谨细致、认真负责的工作态度和良好的安全意识、质量意识，责任心强。 7. 能与班组长、施工作业人员等相关人员进行有效的沟通与合作。
	工程资料记录与整理	1. 能读懂任务书、施工图和施工组织设计，了解现场工程进展，必要时与相关人员进行沟通，明确工程资料记录与整理的内容、要求和工作时限。 2. 能根据任务书、施工图、施工组织设计和管理规程等相关资料，确定应形成检验批划分报审及分项工程、分部工程、单位工程划分报审的资料，确定工程资料记录与整理的内容。 3. 能按照管理规程要求，采用施工过程的检验批分部分项工程核查法，在规定的时间内按照工程进度完成开工准备资料、质量控制资料、安全与功能检验资料、竣工资料等的记录与整理。 4. 能根据管理规程要求，检查编制与报验的资料是否完整并符合相关规定要求，签证手续是否齐全。 5. 能按管理规程要求对竣工验收部位的工程资料进行汇总整理，并组卷移交。
	工程量计算	1. 能根据施工图纸和施工组织设计，必要时与相关人员进行沟通，明确工程量计算的内容和要求。 2. 能查阅相关工程量计算规范，正确列出工程量清单编号、项目名称、计量单位和项目特征。 3. 能按照工程量计算规范，编制土方工程、混凝土工程、砌筑工程、模板工程、装饰工程等分部分项工程的工程量计算书。 4. 能编制工程量汇总表和工程量编制说明。 5. 能按要求检查和整理工程量计算书和工程量汇总表等资料并归档。
	砖砌体砌筑	1. 能根据《砌体结构工程施工质量验收规范》（GB 50203—2011）、《世界技能标准规范》（WSSS）等现行标准和图集，识读施工图。 2. 能根据砖基础、砖墙、砖柱、艺术墙体的施工图确定施工方案和工序。 3. 能正确使用砌筑相关的工量具和设备。 4. 能判断并确定施工所用砂浆和砖的种类。 5. 能根据我国和世界技能大赛相关标准进行自检和互检。 6. 能填写并整理施工技术文件。
高级技能	施工图绘制	1. 能仔细阅读施工图，根据现场施工环境、作业条件，明确施工图需要变更绘制的内容。 2. 能根据现行标准、图集以及现场作业条件等相关资料，与建设方和监理方进行专业沟通，并按要求确定变更方案。

培养层级	典型工作任务	职业能力要求
高级技能	施工图绘制	3. 能按照《房屋建筑制图统一标准》（GB 50001—2017）、《总图制图标准》（GB/T 50103—2010）、《建筑制图标准》（GB/T 50104—2010）、《建筑结构制图标准》（GB/T 50105—2010）、《混凝土结构施工图平面整体表示方法制图规则和构造详图（现浇混凝土框架、剪力墙、梁、板）》（22G101—1）、《混凝土结构施工图平面整体表示方法制图规则和构造详图（现浇混凝土板式楼梯）》（22G101—2）、《混凝土结构施工图平面整体表示方法制图规则和构造详图（独立基础、条形基础、筏形基础、桩基础）》（22G101—3）等现行标准和图集，绘制建筑施工图和结构施工图。 4. 能对绘制的施工图进行检查与修改，确保所有变更部分依据充分合理，内容正确齐全。
	施工生产管理	1. 能读懂施工图纸和施工方案，必要时与相关人员进行沟通，明确生产管理内容和要求。 2. 能根据施工图纸、任务书、施工组织方案等，制订施工成本计划，编写施工计划表和施工进度表。 3. 能按照施工计划表和施工进度表，对施工成本、施工进度、施工质量、施工合同进行跟踪检查。 4. 在施工生产管理过程中，能对施工成本进行分析与控制，对施工进度进行分析与调整，对施工质量进行控制并预防质量事故，对施工合同进行管理。 5. 能按要求将施工成本、施工进度、施工质量和施工合同的管理情况报工程项目部。
	建筑工程计量与计价	1. 能根据建筑工程定额计算规则进行土石方工程、地基与基础工程、砌筑工程、混凝土工程、门窗工程、楼地面工程、墙柱面工程和天棚工程等定额工程量计算。 2. 能根据《建设工程工程量清单计价规范》（GB 50500—2013）对土石方工程、地基与基础工程、砌筑工程、混凝土工程、门窗工程、楼地面工程、墙柱面工程和天棚工程等进行清单工程量计算。 3. 能根据《建设工程工程量清单计价规范》（GB 50500—2013）和计算的清单工程量列清单。 4. 能对所列建筑工程清单进行清单计价，运用清单计价方法进行投标报价。 5. 能运用建筑工程定额进行定额计价，从而将定额计价方法运用到结算中。
	瓷砖镶贴	1. 能识读建筑工程施工图，包括主要用途、图线画法规定、基本内容和含义，以及详图与索引图的对应关系等。

培养层级	典型工作任务	职业能力要求
高级技能	瓷砖镶贴	2. 能识读、解析历届世界技能大赛图纸，包括艺术图案的放样步骤、工序、工艺等。 3. 能阅读任务书，与工程项目部相关人员沟通，查看施工现场，明确瓷砖镶贴工作内容和要求。 4. 能根据《住宅装饰装修工程施工规范》（GB 50327—2001）、《建筑装饰装修工程质量验收标准》（GB 50210—2018）、《世界技能标准规范》（WSSS）等现行标准和规范、施工图纸确定瓷砖镶贴工艺方案，并能进行施工作业前的准备工作。 5. 能正确使用镶贴施工所用的瓷砖、瓷砖胶、嵌缝剂、工量具和设备。 6. 能在作业过程中严格执行镶贴操作规范、安全生产制度以及"7S"现场管理制度要求，严格遵守从业人员的职业道德，具备工作主动、爱岗敬业、严谨细致、认真负责的工作态度和良好的安全意识、质量意识，责任心强。 7. 能根据瓷砖镶贴的施工图、工艺文件要求，按镶贴工程施工质量验收规范及世界技能大赛相关标准规范进行质量检验，检测内容包括尺寸、垂直、水平、平整、方正、细部、主观七大部分。在记录单上填写自检结果、改进建议等信息并签字确认后交付班组长检验。 8. 能填写施工测量记录，展示瓷砖镶贴的技术要点，总结工作经验，分析不足，提出改进措施，并归类存档。
预备技师（技师）	施工方案编制与实施	1. 能依据施工图识读与绘制工作标准，完成施工图纸的阅读和施工平面图的绘制工作，必要时与相关人员进行沟通，了解及明确作业内容和要求、完成施工平面布置图。 2. 能依据建筑测绘工作标准及测量仪器使用工作规范，完成施工现场测绘和复核工作。 3. 能依据各项施工方案完成施工方案交底工作。 4. 能依据各工程施工的组织实施工作标准，完成工程施工的组织实施工作。 5. 能依据施工内业资料填写标准，完成施工情况记录、相关技术资料编制工作。 6. 能依据施工成果评价工作标准，完成工程实施质量、工作效率和成本评估工作。
	施工过程安全检查	1. 能根据施工图纸和施工方案，必要时与相关人员进行沟通，明确施工过程安全检查的内容和要求。 2. 能查阅相关安全技术规范，正确列出安全检查的内容、方法，记录相

培养层级	典型工作任务	职业能力要求
	施工过程安全检查	关技术标准。 3. 能按要求对施工作业人员、材料与设备、施工作业现场进行规范检查。 4. 能按照《建筑施工安全检查标准》（JGJ 59—2011），对施工现场的脚手架和模板支撑体系、高处作业、特种设备、施工用电和基坑工程等进行安全检查，严格执行现行的安全技术规范，填写施工安全检查记录。 5. 能按技术规范要求，根据施工现场安全检查结果填写安全检查评分表，对存在的安全隐患提出整改措施并督促整改。 6. 能按要求整理施工质量验收记录，形成质量验收报告，上报工程项目部。在作业过程中严格执行企业操作规范、安全生产制度、质量管理制度以及验收规定，严格遵守从业人员的职业道德，具备工作主动、爱岗敬业、严谨细致、认真负责的工作态度和良好的安全意识、质量意识，责任心强。 7. 能与班组长、施工作业人员等相关人员进行有效的沟通与合作。
预备技师（技师）	钢筋制作与安装	1. 能阅读生产任务单，并读懂钢筋制作与安装图样，与班组长、工具管理员等相关人员进行专业沟通，明确工作任务和技术要求。 2. 能准确查阅弯箍机、钢筋切断机、钢筋调直机等设备的操作规程等资料，明确钢筋制作与安装的工艺流程，制订工作方案，并根据工作方案，正确领取所需工量刃具及辅件。 3. 能按照钢筋制作与安装的工作流程与规范，在规定时间内采用钢筋下料、弯曲、布筋、绑扎，并进行自检、互检和交接检等方法，完成独立基础钢筋制作与安装、梁钢筋制作与安装、柱钢筋制作与安装、板钢筋制作与安装、墙钢筋制作与安装、楼梯钢筋制作与安装等工作任务。 4. 能按企业内部的检验规范进行相应作业的自检，并在任务单上正确填写加工完成的时间、加工记录以及自检结果，签字确认后提交质检部门进行质量检验。 5. 在作业过程中严格执行企业操作规范、安全生产制度、环保管理制度以及"7S"现场管理制度，严格遵守从业人员的职业道德，具备工作主动、爱岗敬业、严谨细致、认真负责的工作态度和良好的安全意识、质量意识，责任心强。
	模板制作与安装	1. 能读懂工作任务单，明确模板设计与制作工作内容及要求。 2. 能与施工负责人和仓库管理员等相关人员进行专业沟通，确定模板设计与制作工艺方案，并能进行施工作业前的准备工作。 3. 能正确使用模板设计与制作工艺所用的模板、工具和设备。 4. 能按模板设计与制作的工艺文件，在施工负责人指导下，安全、规范地完成模板设计与制作任务，并填写施工记录单。

培养层级	典型工作任务	职业能力要求
预备技师（技师）	模板制作与安装	5. 能根据模板设计与制作的施工图、工艺文件要求，按建筑工程施工质量验收规范进行质量检验，在记录单上填写自检结果、改进建议等信息并签字确认后交付班组长检验。 6. 能展示模板设计与制作的技术要点，总结工作经验，分析不足，提出改进措施。 7. 能填写并整理模板制作与安装施工技术文件。

三、培养模式

（一）培养体制

依据职业教育有关法律法规和校企合作、产教融合相关政策要求，按照技能人才成长规律，紧扣本专业技能人才培养目标，结合学校办学实际情况，成立专业建设指导委员会。通过整合校企双方优质资源，制定校企合作管理办法，签订校企合作协议，推进校企共创培养模式、共同招生招工、共商专业规划、共议课程开发、共组师资队伍、共建实训基地、共搭管理平台、共评培养质量的"八个共同"，实现本专业高素质技能人才的有效培养。

（二）运行机制

1. 中级技能层级

中级技能层级宜采用"学校为主、企业为辅"的校企合作运行机制。

校企双方根据建筑施工专业中级技能人才特征，建立适应中级技能层级的运行机制。一是结合中级技能层级工学一体化课程以执行定向任务为主的特点，研讨校企协同育人方法路径，共同制定和采用"学校为主、企业为辅"的培养方案，共创培养模式；二是发挥各自优势，按照人才培养目标要求，以初中生源为主，制订招生招工计划，通过开设企业订单班等措施，共同招生招工；三是对接本领域行业协会和标杆企业，紧跟本产业发展趋势、技术更新和生产方式变革，紧扣企业岗位能力最新要求，以学校为主推进专业优化调整，共商专业规划；四是围绕就业导向和职业特征，结合本地本校办学条件和学情，推进本专业工学一体化课程标准校本转化，进行学习任务二次设计、教学资源开发，共议课程开发；五是发挥学校教师专业教学能力和企业技术人员工作实践能力优势，通过推进教师开展企业工作实践、聘用企业技术人员开展学校教学实践等方式，以学校教师为主、企业兼职教师为辅，共组师资队伍；六是基于一体化学习工作站和校内实训基地建设，规划建设集校园文化与企业文化、学习过程与工作过程为一体的校内外学习环境，共建实训基地；七是基于一体化学习工作站、校内实训基地等学习环境，参照企业管理规范，突出企业在职业认知、企业文化、就业指导等职业素养养成层面的作用，共搭管理平台；八是根据本层级人才培养目标、国家职业标准和企业用人要求，制定评价标准，对学生职业能力、职业素养和职业技能等级实施评价，共评培养质量。

基于上述运行机制，校企双方共同推进本专业中级技能人才综合职业能力培养，并在培养目标、培养过程、培养评价中实施学生相应通用能力、职业素养和思政素养的培养。

2. 高级技能层级

高级技能层级宜采用"校企双元、人才共育"的校企合作运行机制。

校企双方根据建筑施工专业高级技能人才特征，建立适应高级技能层级的运行机制。一是结合高级技能层级工学一体化课程以解决系统性问题为主的特点，研讨校企协同育人方法路径，共同制定和采用"校企双元、人才共育"的培养方案，共创培养模式；二是发挥各自优势，按照人才培养目标要求，以初中、高中、中职生源为主，制订招生招工计划，通过开设校企双制班、企业订单班等措施，共同招生招工；三是对接本领域行业协会和标杆企业，紧跟本产业发展趋势、技术更新和生产方式变革，紧扣企业岗位能力最新要求，合力制定专业建设方案，推进专业优化调整，共商专业规划；四是围绕就业导向和职业特征，结合本地本校办学条件和学情，推进本专业工学一体化课程标准的校本转化，进行学习任务二次设计、教学资源开发，共议课程开发；五是发挥学校教师专业教学能力和企业技术人员工作实践能力优势，通过推进教师开展企业工作实践、聘请企业技术人员为兼职教师等方式，涵盖学校专业教师和企业兼职教师，共组师资队伍；六是以一体化学习工作站和校内外实训基地为基础，共同规划建设兼具实践教学功能和生产服务功能的大师工作室，集校园文化与企业文化、学习过程与工作过程为一体的校内外学习环境，创建产教深度融合的产业学院等，共建实训基地；七是基于一体化学习工作站、校内外实训基地等学习环境，参照企业管理机制，组建校企管理队伍，明确校企双方责任权利，推进人才培养全过程校企协同管理，共搭管理平台；八是根据本层级人才培养目标、国家职业标准和企业用人要求，共同构建人才培养质量评价体系，共同制定评价标准，共同实施学生职业能力、职业素养和职业技能等级评价，共评培养质量。

基于上述运行机制，校企双方共同推进本专业高级技能人才综合职业能力培养，并在培养目标、培养过程、培养评价中实施学生相应通用能力、职业素养和思政素养的培养。

3. 预备技师（技师）层级

预备技师（技师）层级宜采用"企业为主、学校为辅"的校企合作运行机制。

校企双方根据建筑施工专业预备技师（技师）人才特征，建立适应预备技师（技师）层级的运行机制。一是结合预备技师（技师）层级工学一体化课程以分析解决开放性问题为主的特点，研讨校企协同育人方法路径，共同制定和采用"企业为主、学校为辅"的培养方案，共创培养模式；二是发挥各自优势，按照人才培养目标要求，以初中、高中、中职生源为主，制订招生招工计划，通过开设校企双制班、企业订单班和开展企业新型学徒制培养等措施，共同招生招工；三是对接本领域行业协会和标杆企业，紧跟本产业发展趋势、技术更新和生产方式变革，紧扣企业岗位能力最新要求，以企业为主，共同制定专业建设方案，共同推进专业优化调整，共商专业规划；四是围绕就业导向和职业特征，结合本地本校办学条件和学情，推进本专业工学一体化课程标准的校本转化，进行学习任务二次设计、教学资源开发，并根据岗位能力要求和工作过程推进企业培训课程开发，共议课程开发；五是发挥学校教师专业教学能力和企业技术人员专业实践能力优势，推进教师开展企业工作实践，通过聘用等方式，涵盖学校专业教师、企业培训师、实践专家、企业技术人员，共组师资队伍；六是以校外实训基地、校内生产性实训基地、产业学院等为主要学习环境，以完成企业真实工作任务为学习载体，以地方品牌企业实践场所为工作环境，共建实训基地；七是基于校内外实训基地等学习环境，学校参照企业生产管理机制，企业参照学校教学管理机制，组建校企管理队伍，明确校企双方责任权利，推进人才培养全过程校企协同管理，共搭管理平台；八是根据本层级人才培养目标、国家职业标准和企业用人要求，共同构建人才培养质量评价体系，共同制定评价标准，共同实施学生综合职业能力、职业素养和职业技能等级评价，共评培养质量。

基于上述运行机制，校企双方共同推进本专业预备技师（技师）技能人才综合职业能力培养，并在培养目标、培养过程、培养评价中实施学生相应通用能力、职业素养和思政素养的培养。

四、课程安排

使用单位应根据人力资源社会保障部颁布的《建筑施工专业国家技能人才培养工学一体化课程设置方案》开设本专业课程。本课程安排只列出工学一体化课程及建议学时，使用单位可根据院校学习年限和教学安排确定具体学时分配。

（一）中级技能层级工学一体化课程表（初中起点三年）

序号	课程名称	基准学时	学时分配					
			第1学期	第2学期	第3学期	第4学期	第5学期	第6学期
1	施工图交底	100	100					
2	建筑材料取样	80			80			
3	建筑施工测量	200		100	100			
4	施工过程质量检查	240				120	120	
5	工程资料记录与整理	100				100		
6	工程量计算	120				60	60	
7	砖砌体砌筑	100					100	
	总学时	940	200	180	280	280		

（二）高级技能层级工学一体化课程表（高中起点三年）

序号	课程名称	基准学时	学时分配					
			第1学期	第2学期	第3学期	第4学期	第5学期	第6学期
1	施工图交底	100		100				
2	建筑材料取样	80		80				
3	建筑施工测量	200		100	100			
4	施工过程质量检查	240				120	120	
5	工程资料记录与整理	100					100	
6	工程量计算	120		60	60			
7	施工图绘制	100			100			
8	施工生产管理	120			120			
9	建筑工程计量与计价	160				100	60	
10	砖砌体砌筑	100				100		
11	瓷砖镶贴	100					100	
	总学时	1 420		340	380	320	380	

（三）高级技能层级工学一体化课程表（初中起点五年）

序号	课程名称	基准学时	学时分配									
			第1学期	第2学期	第3学期	第4学期	第5学期	第6学期	第7学期	第8学期	第9学期	第10学期
1	施工图交底	100		100								
2	建筑材料取样	80			80							
3	建筑施工测量	200		100					100			
4	施工过程质量检查	240			80	60	100					
5	工程资料记录与整理	100				100						
6	工程量计算	120			60	60						
7	砖砌体砌筑	100				100						
8	施工图绘制	100				100						
9	施工生产管理	120							120			
10	建筑工程计量与计价	200								100	100	
11	瓷砖镶贴	100								100		
	总学时	1 460		200	220	320	200		220	200	100	

（四）预备技师（技师）层级工学一体化课程表（高中起点四年）

序号	课程名称	基准学时	学时分配							
			第1学期	第2学期	第3学期	第4学期	第5学期	第6学期	第7学期	第8学期
1	施工图交底	100		100						
2	建筑材料取样	80		80						
3	建筑施工测量	200		100	100					
4	施工过程质量检查	240		80	40	120				
5	工程资料记录与整理	100				100				
6	工程量计算	120				60	60			
7	砖砌体砌筑	100					100			
8	施工图绘制	100			100					
9	施工生产管理	120			120					
10	建筑工程计量与计价	200				100			100	
11	瓷砖镶贴	100					100			
12	施工方案编制与实施	280						140	140	
13	施工过程安全检查	100					100			
14	钢筋制作与安装	100						100		
15	模板制作与安装	200						100	100	
	总学时	2 140		360	360	380	360	340	340	

（五）预备技师（技师）层级工学一体化课程表（初中起点六年）

序号	课程名称	基准学时	学时分配												
			第1学期	第2学期	第3学期	第4学期	第5学期	第6学期	第7学期	第8学期	第9学期	第10学期	第11学期	第12学期
1	施工图交底	100	100											
2	建筑材料取样	80			80									
3	建筑施工测量	200	100					100						
4	施工过程质量检查	240			80	40	120							
5	工程资料记录与整理	100				100								
6	工程量计算	120			60	60								
7	砖砌体砌筑	100				100								

序号	课程名称	基准学时	学时分配											
			第1学期	第2学期	第3学期	第4学期	第5学期	第6学期	第7学期	第8学期	第9学期	第10学期	第11学期	第12学期
8	施工图绘制	100					100							
9	施工生产管理	120							120					
10	建筑工程计量与计价	200							100	100				
11	瓷砖镶贴	100								100				
12	施工方案编制与实施	280									140	140		
13	施工过程安全检查	100											100	
14	钢筋制作与安装	100									100			
15	模板制作与安装	200										100	100	
	总学时	2 140	200	220	300	220			320	200	240	240	200	

五、课程标准

（一）施工图交底课程标准

工学一体化课程名称	施工图交底	基准学时	100[①]

典型工作任务描述

施工图是指反映住宅、公共建筑、构筑物等建设工程项目的总体布局，以及建筑物、构筑物的外部形状、内部布置、结构构造、内外装修等要求的图样。施工图交底主要包括建筑施工说明及总平面图交底、建筑平面图交底、建筑立面图交底、建筑剖面图交底、建筑详图交底、结构施工说明及基础结构施工图交底、楼层（屋顶）结构平面施工图交底、钢筋混凝土构件结构详图交底、楼梯结构详图交底。

在工程项目实施中，施工图交底可保证工程项目按照施工图实施，同时也可提前发现图纸差错，在施工之前解决图纸中可能出现的问题，避免造成资源浪费。

施工人员从工程项目部领取施工图和任务书，明确工作内容和要求，查看施工现场，检查当前施工工序的工作内容是否与施工图相符，下一道施工工序的作业条件是否满足，根据施工图、任务书、规范等相关资料，获取、分析、确定交底内容，召集下一道施工工序的施工班组，进行施工图交底，形成记录，并向工程项目部反馈并存档。

施工图交底过程中，应遵守《房屋建筑制图统一标准》（GB/T 50001—2017）、《建筑制图标准》（GB/T 50104—2010）和《混凝土结构施工图平面整体表示方法制图规则和构造详图》（22G101）等现行标准、图集。

---

① 此基准学时为初中生源学时，下同。

工作内容分析

工作对象:	工具、设备与资料:	工作要求:
1. 领取施工图和任务书，明确工作内容和要求； 2. 查看施工现场，制定施工图交底方案，确定交底内容； 3. 对施工班组进行施工图交底； 4. 审核施工图交底，形成记录； 5. 提交施工图交底记录并存档。	1. 工具：CAD 软件、看图软件、模型、挂图、铅笔、签字笔、A4 纸； 2. 设备：计算机、打印机； 3. 资料：任务书、相关图纸、施工记录表、《房屋建筑制图统一标准》（GB/T 50001—2017）、《建筑制图标准》（GB/T 50104—2010）、《混凝土结构施工图平面整体表示方法制图规则和构造详图》（22G101）等现行标准、图集。 **工作方法：** 询问法、信息检索法、实地勘查法、统筹管理法、角色互换法、排查法、逐一核对检查法、资料归档分类处理法。 **劳动组织方式：** 以小组合作的方式进行。从工程项目部获取工作任务，与工程项目部项目负责人沟通明确工作计划，检查当前施工工序是否与施工图相符，下一道施工工序的作业条件是否满足，向施工班组进行施工图交底，形成记录，向工程项目部反馈并存档。	1. 根据任务书，明确工作内容和要求，与工程项目部沟通，了解现场施工要求； 2. 根据任务书和施工图纸，查看施工现场，确定施工工序和图纸施工要求； 3. 根据现场施工作业要求，对施工班组进行施工图交底，遵守《房屋建筑制图统一标准》（GB/T 50001—2017）、《建筑制图标准》（GB/T 50104—2010）、《混凝土结构施工图平面整体表示方法制图规则和构造详图》（22G101）等现行标准、图集，按照施工图纸要求施工，填写施工交底记录表； 4. 根据施工图纸和施工工序要求，审核施工图交底的正确性，并复核填写的施工记录表； 5. 根据资料存档要求，提交施工图交底记录表并整理存档。

课程目标

学习完本课程后，学生应能胜任在建筑施工现场按照施工图进行交底的工作，明确施工图交底的项目、流程和规范，能严格遵守施工图交底人员的职业道德和《房屋建筑制图统一标准》（GB/T 50001—2017）、《建筑结构制图标准》（GB/T 50105—2010）等现行标准，在教师指导下完成建筑施工说明及总平面图交底、建筑平面图交底、建筑立面图交底、建筑剖面图交底、建筑详图交底、结构施工说明及基础结构施工图交底、楼层（屋顶）结构平面施工图交底、钢筋混凝土构件结构详图交底、楼梯结构详图交底等工作任务。

1. 能根据《房屋建筑制图统一标准》（GB/T 50001—2017）、《建筑制图标准》（GB/T 50104—2010）、《混凝土结构施工图平面整体表示方法制图规则和构造详图》（22G101）等现行标准和图集，识读施工图，查阅相关资料信息，具备良好的分析能力和刻苦钻研的精神。

2. 能判断当前施工工序的工作内容是否完成，以及下一道施工工序的作业条件是否具备，确定施工图交底方案，具备良好的判断力和统筹能力，严谨细致的工作态度。

3. 能与施工班组进行专业沟通及施工图交底，具备良好的沟通能力和处理问题能力。

4. 能依据施工图交底汇报展示，做好施工记录，对工作过程进行资料收集反馈，团结协作，利用媒体设备和专业术语展示工作成果，具备良好的表达能力和团结协作能力。

5. 能根据施工记录，对施工图交底资料进行分类归档，具备文件处理能力和系统整理能力。

学习内容

本课程的主要学习内容包括：

一、任务书的分析及图纸的阅读

实践知识：任务书的阅读分析，相关规范标准和建筑施工图纸的查阅，网络信息的查询，现场勘查询问。

理论知识：建筑和结构施工图识读基本方法，《房屋建筑制图统一标准》（GB/T 50001—2017）、《建筑结构制图标准》（GB/T 50105—2010）、《混凝土结构施工图平面整体表示方法制图规则和构造详图》（22G101）等现行标准、图集。

二、施工图交底方案的制定

实践知识：施工工序与施工图的对比分析，施工图交底内容的确定，交底方案的制定。

理论知识：施工图交底的一般流程，施工图交底的内容、要求，施工工序的一般流程，施工工序与施工图之间的联系，相关施工工序的作业要求。

三、施工图交底的实施

实践知识：建筑施工说明及总平面图交底，建筑平面图交底，建筑立面图交底，建筑剖面图交底，建筑详图交底，结构施工说明及基础结构施工图交底，楼层（屋顶）结构平面施工图交底，钢筋混凝土构件结构详图交底，楼梯结构详图交底。

理论知识：施工图的识读方法，建筑施工说明及总平面图的识读要点（包括建筑工程的用地范围、地形地貌和周围环境，建筑物的平面位置、朝向，新建房屋室内地坪的绝对标高及室外地坪、道路的绝对标高等），建筑平面图的识读要点（包括纵横定位轴线及其编号，楼梯梯段的走向，门窗、房间的布置和分割及开间、进深、细部尺寸，详图索引符号等），建筑立面图的识读要点（包括立面两端的定位轴线，门窗的形状、位置及开启方向，标高及必须标注的局部尺寸，详图索引符号等），建筑剖面图的识读要点（包括剖切到的屋面、楼面、室内外地面，内外墙身及门、窗各种框架梁、连系梁、楼梯梯段及楼梯平台，垂直方向的尺寸及标高详图索引符号等），建筑详图的识读要点（包括墙身剖面图、楼梯详图、门窗详图及厨房、卫生间等详图，同时还包括某些细部节点详图），结构施工说明及基础结构施工图的识读要点（包括选用材料的类型、规格、强度等级，地基情况，施工注意事项，选用标准图集，基础的详细尺寸，室内外地坪标高及基础底面标高，基础墙、基础、垫层的材料强度，配筋的规格及其布置，防潮层的位置及做法等），楼层（屋顶）结构平面施工图的识读要点（包括现浇楼板、梁、柱、墙等结构构件的平面布置，现浇楼板、梁等的构造与配筋情况及各构件间的结构关系等），钢筋混凝土构件结构详图的识读要点（包括柱平法施工图、剪力墙平法施工图、梁平法施工图等），楼梯结构详图的识读要点（包括楼梯结构平面图、楼梯剖面图、楼梯配筋图等）。

四、施工图交底的审核与记录

实践知识：施工图与现场施工工序的对比确认，施工图中构件施工的核查，施工过程的验收，施工图交底存在问题的处理修改，施工日志的填写。

理论知识：施工验收规范，现场施工工序要求，施工图交底的注意事项，施工日志的填写方法，施工记录的审核流程。

五、施工图交底记录的提交及存档

实践知识：施工日志的整理，施工记录的提交，施工记录的存档。

理论知识：施工记录的整理存档注意事项，施工记录的重要性，施工记录的作用。

六、通用能力、职业素养、思政素养

自主学习、自我管理、信息检索、理解与表达、交往与合作、创新思维、解决问题等通用能力，安全意识、质量意识、规范意识、效率意识、成本意识、环保意识、市场意识、服务意识等职业素养，以及劳模精神、劳动精神、工匠精神等思政素养。

参考性学习任务

序号	名称	学习任务描述	参考学时
1	建筑施工说明及总平面图交底	某实训楼将进场施工，现需要施工人员向施工班组进行建筑施工说明及总平面图交底。 施工人员从工程项目部领取施工图和任务书，明确工作内容和要求；查看施工现场，对建筑工程的用地范围、地形地貌和周围环境、拟建建筑物的平面位置、建筑物的朝向、室内外高差，以及道路标高、坡度、排水、管线等情况进行检查，进行施工图交底；形成记录，向工程项目部反馈并存档。	15
2	建筑平面图交底	某实训楼进入主体施工阶段，现需要施工人员向施工班组进行建筑平面图交底。 施工人员从工程项目部领取施工图和任务书，明确工作内容和要求；查看施工现场，对建筑物的纵横向定位轴线，房屋的平面形状，楼梯梯段的走向，门窗、房间的布置和分割及开间、进深、细部尺寸，楼地面标高等进行施工图交底；形成记录，向工程项目部反馈并存档。	10
3	建筑立面图交底	某实训楼进入主体施工阶段，现需要施工人员向施工班组进行建筑立面图交底。 施工人员从工程项目部领取施工图和任务书，明确工作内容和要求；查看施工现场，对建筑物立面两端的定位轴线，门窗的形状、位置及开启方向，屋顶外形及可能有的水箱位置，窗台、雨篷、阳台、台阶、雨水管的形状和位置，建筑立面的外部装饰材料及装饰做法，建筑物的竖向标高等进行施工图交底；形成记录，向工程项目部反馈并存档。	10

4	建筑剖面图交底	某实训楼进入主体施工阶段，现需要施工人员向施工班组进行建筑剖面图交底。 施工人员从工程项目部领取施工图和任务书，明确工作内容和要求；查看施工现场，对建筑物剖切到的屋面、楼面、室内外地面，内外墙身及门、窗各种框架梁、连系梁、楼梯梯段及楼梯平台，垂直方向的尺寸及标高等进行施工图交底；形成记录，向工程项目部反馈并存档。	10
5	建筑详图交底	某实训楼进入主体施工阶段，现需要施工人员向施工班组进行建筑详图交底。 施工人员从工程项目部领取施工图和任务书，明确工作内容和要求；查看施工现场，对建筑物构配件（如门窗、楼梯、阳台、各种装饰等）的详细构造及连接关系，建筑物细部及剖面节点（如窗台、楼梯扶手、踏步、楼地面层、屋顶层等）的形成、层次、做法、用料、规格及详细尺寸等进行施工图交底；形成记录，向工程项目部反馈并存档。	10
6	结构施工说明及基础结构施工图交底	某实训楼进入主体施工阶段，现需要施工人员向施工班组进行结构施工说明及基础结构施工图交底。 施工人员从工程项目部领取施工图和任务书，明确工作内容和要求；查看施工现场，对基础的详细尺寸（如基础的长、宽、高各部分尺寸，基础埋置深度，垫层厚度等），室内外地坪标高及基础底面标高，基础墙、基础、垫层的材料强度，配筋的规格及其布置，防潮层的位置及做法等进行施工图交底；形成记录，向工程项目部反馈并存档。	15
7	楼层（屋顶）结构平面施工图交底	某实训楼进入主体施工阶段，现需要施工人员向施工班组进行楼层（屋顶）结构平面施工图交底。 施工人员从工程项目部领取施工图和任务书，明确工作内容和要求；查看施工现场，对现浇楼板、梁、柱、墙等结构构件的平面布置，现浇楼板、梁等的构造与配筋情况及其各构件间的结构关系等进行施工图交底；形成记录，向工程项目部反馈并存档。	10
8	钢筋混凝土构件结构详图交底	某实训楼进入主体施工阶段，现需要施工人员向施工班组进行钢筋混凝土构件结构详图交底。 施工人员从工程项目部领取施工图和任务书，明确工作内容和要求；查看施工现场，依据柱平法施工图、剪力墙平法施工图、梁平法施工图，对构件内各种型号、规格钢筋的布置位置、搭接情况等进行施工图交底；形成记录，向工程项目部反馈并存档。	10

| 9 | 楼梯结构详图交底 | 某实训楼进入主体施工阶段，现需要施工人员向施工班组进行现浇楼梯（板式和梁式）结构详图（楼梯结构平面图、楼梯剖面图、楼梯配筋图）交底。

施工人员从工程项目部领取施工图和任务书，明确工作内容和要求；查看施工现场，对现浇楼梯的斜板、平台板、平台梁、斜梁等进行施工图交底；形成记录，向工程项目部反馈并存档。 | 10 |

教学实施建议

1. 教学组织方式与建议

建议在真实工作情境或模拟工作情境下运用行动导向教学理念实施教学，采取 4~6 人 / 组的分组教学形式，学习和工作过程中注重学生职业素养的培养。

2. 教学资源配备建议

（1）教学场地

建议配置建筑制图与识图实训室，实训室须具备良好的照明和通风条件，分为集中教学区、分组实训区、信息检索区、资料存放区、成果展示区，并配备多媒体教学设备、仿真软件、挂图、模型等。

（2）工具、材料、设备（按组配备）

5 m 及 50 m 钢卷尺、标准、图集、规范、施工图纸、图板等。

（3）教学资料

建议教师课前准备任务书（含配置单）、图纸、工作页、《房屋建筑制图统一标准》（GB/T 50001—2017）、《建筑制图标准》（GB/T 50104—2010）、《混凝土结构施工图平面整体表示方法制图规则和构造详图》（22G101）等现行标准和图集。

教学考核要求

采用过程性考核与终结性考核相结合的方式。

1. 过程性考核

采用自我评价、小组评价和教师评价相结合的方式进行考核，让学生学会自我评价，教师要观察学生的学习过程，结合学生的自我评价、小组评价进行总评并提出改进建议。

（1）课堂考核：考核出勤、学习态度、课堂纪律、小组合作与展示等情况。

（2）作业考核：考核工作页的完成、成果展示、课后练习等情况。

（3）阶段考核：书面测试、实操测试、口述测试。

2. 终结性考核

考核任务案例：某实训楼结构施工说明及基础结构施工图的交底。

【情境描述】

某实训楼工程建筑面积约为 530 m²，层数为 4 层，建筑高度 17.02 m，结构类型为钢筋混凝土框架结构，将进行基础工程的施工。

【任务要求】

（1）根据结构施工说明列出基础所用材料的类型、规格、强度等级、地基情况、施工注意事项。

（2）根据基础结构施工图和《混凝土结构施工图平面整体表示方法制图规则和构造详图》（22G101），结合施工现场列出基础梁、基础墙、框架柱的平面位置、尺寸，基础断面的详细尺寸、配筋和室内外地面标高及基础底面的标高等。

【参考资料】

完成上述任务时，可以使用所有常见教学资料，如工作页、教材、施工图、图集、标准等。

（二）建筑材料取样课程标准

工学一体化课程名称	建筑材料取样	基准学时	80

典型工作任务描述

建筑材料是指建造建筑物和构筑物的所有材料的总称。建筑材料按使用时状态不同，可分为原材料（水泥、砂、钢筋等）、半成品（墙体材料等）、成品（防水材料等）、试块（混凝土试块、砂浆试块等）、试件（钢筋机械连接件、钢筋焊接件等）。

为保证建筑工程结构安全，使用的建筑材料必须符合相应的国家标准规定，为确保检测结果能真实反映工程实体质量，建筑检测单位需要安排取样员对建筑材料进行见证取样送检。

取样员接受任务后，获取见证取样材料相关信息，与见证员和检测机构沟通，明确见证取样时间、地点、要求等内容；读懂见证取样材料相关标准，明确材料取样相关规定，并根据标准规定、取样时间和取样、制样注意事项等制定材料取样方案；准备相应工具，按制定的材料取样方案进行取样、制样；明确试样能满足封样要求后，制作封条和标识牌，按要求做好封样和标识；完成后，整理现场并将工具归位，填写见证取样记录表和送检委托书，并和见证员一起将试样送检。

建筑材料取样过程中：

1. 应遵守《建筑工程检测试验技术管理规范》（JGJ 190—2010）等现行标准的规定。

2. 应具备吃苦耐劳、诚实守信的工作态度及爱岗敬业的职业素养。

3. 应遵守实验室"7S"现场管理制度要求。

工作内容分析

工作对象：	工具、材料、设备与资料：	工作要求：
1. 获取信息； 2. 制定取样方案； 3. 取样、制样； 4. 封样、标识； 5. 整理现场、填写见证取样记录表和送检委托书并送检。	工具：水泥取样器、容器、铲子、平板、铁钎、坍落度筒、混凝土试模、砂浆试模、抹刀、不透水薄膜、铁钉、大剪刀、封条等； 材料：水泥、砂、石、混凝土、砂浆、砖、砌块、光圆钢筋、带肋钢筋、钢筋焊接接头、钢筋机械连接接头、防水材料等；	1. 查阅《房屋建筑工程和市政基础设施工程实行见证取样和送检的规定》和《建筑工程检测试验技术管理规范》（JGJ 190—2010），明确材料见证取样相关要求；核对材料进场计划和工程材料报审表，获取进场材料品种、强度、数量等相关信息，并填写进场材料基本信息表，与见证员和检测机构

设备：计算机、磅秤、锯砖机、混凝土养护箱等； 资料：任务书、《建筑工程检测试验技术管理规范》（JGJ 190—2010）、《房屋建筑工程和市政基础设施工程实行见证取样和送检的规定》、取样材料标准或规范、取样方案、建筑材料的产品出厂合格证、厂家检测报告等。 **工作方法：** 信息检索法、提纲法、询问法、观察法、四分法、比例法、现场取样法、随机取样法等。 **劳动组织方式：** 以独立或小组合作方式进行，认真、细致、精益求精、一丝不苟。取样员从工程项目部处获取工作任务，与见证员沟通，制定取样方案；准备相应工具、模具等，根据相应建筑材料标准或规范规定的方法和要求进行取样制样，并做好试样封样、标识；完成后，与见证员一起填写见证取样记录表，整理现场，并一起将试样送检。	沟通，明确见证取样时间、地点、要求等内容，并将相关内容填写在材料取样方案关键信息表中相应位置； 2. 读懂见证取样材料相关标准，明确材料取样相关规定，将相关内容填写在材料取样方案关键信息表中相应位置，并根据材料取样方案关键信息表编制材料取样方案； 3. 现场核对合格证、备案证、出厂检测报告等相关资料，核对进场材料数量并进行外观质量检查，无误后根据制定的材料取样方案选择、借出工具并进行现场取样、制样； 4. 根据试样封样信息表确认试样能满足封样要求，制作封条和标识牌，按要求封样和标识； 5. 自觉按"7S"管理制度要求整理现场，并将工具归位，正确填写见证取样记录表和送检委托书，按规定要求，取样员和见证员一起将试样送检。

课程目标

学习完本课程后，学生应能独立自主、认真细致、一丝不苟地完成施工现场建筑材料取样工作，能严格遵守建筑材料取样人员的职业道德，在教师指导下完成原材料取样、半成品和成品取样、试块取样、试件取样等工作任务。

1. 能阅读任务书，与见证员、检测机构等相关人员进行专业、有效的沟通。

2. 能根据任务书区分材料的品种、规格、尺寸等。

3. 能看懂并填写材料取样报审表、信息表等相关表格。

4. 能熟练掌握获取水泥、砂、碎石、钢筋、实心砖、蒸压加气混凝土砌块、改性沥青聚乙烯胎防水卷材、砂浆试块、混凝土试块、钢筋焊接头试件、钢筋机械连接接头等材料取样信息、制定取样方案的方法。

5. 能掌握各类取样工具的使用方法。

6. 能根据《建筑工程检测试验技术管理规范》（JGJ 190—2010）规定实施取样、制样、自检、封样、标识、送样等步骤，并明确注意事项（包括安全事项）。

7. 能准确判断建筑材料取样的工作内容是否完整，结果是否准确。

8. 能按要求准确填写见证取样记录表。

9. 能按"7S"现场管理制度要求整理现场，并将工具归位。

学习内容

本课程的主要学习内容包括：

一、获取材料取样信息

实践知识：任务单的阅读分析，与见证员、检测机构等相关人员进行专业、有效的沟通，进场材料相关信息的获取，取样试验流程的见证，取样流程的见证。

理论知识：《建筑工程检测试验技术管理规范》（JGJ 190—2010）、《房屋建筑工程和市政基础设施工程实行见证取样和送检的规定》等标准、文件。

二、制定取样方案

实践知识：进场材料相关标准或规范的查阅，相关材料的认识，取样批的划分，取样工具的选取，取样方案的制定。

理论知识：进场材料相关标准或规范，取样工具（记号笔、钢卷尺、钢尺、袋装水泥取样器、台秤、留样筒、铲子、磅秤、橡胶测厚仪、裁纸刀、剪刀、锯台、液压钢筋剪、手动钢筋剪、游标卡尺、铁板、坍落度筒、捣棒等）使用说明，进场材料取样批划分规则，取样、制样、封样、标识、送检流程及技术要点。

三、取样、制样

实践知识：进场材料出厂检验报告的查阅，进场材料外观质量的检查，进场材料数量的检查，取样工具领用单的填写，取样、制样工具的使用、维护及保养，随机取样法的操作。

理论知识：取样方案，取样、制样技术要点，取样、制样过程中常见问题及解决对策，取样、制样工具的使用说明。

四、封样、标识

实践知识：取样、制样顺序检查法、经验判断法、复核法的操作是否随机取样的判断，取样数量是否正确的判断，制样、封样是否正确的判断，封条内容是否完整、准确、清晰可见的判断，标识内容是否完整、准确、清晰可见的判断。

理论知识：封样技术要点，标识技术要点。

五、整理现场、填写见证取样记录表

实践知识：工具及材料的整理、现场清理，见证取样表、见证取样送检汇总表、旁证取样送检汇总表、见证取样记录表、送检委托书的填写，送检的操作。

理论知识：现场"7S"管理制度，见证取样表、见证取样送检汇总表、旁证取样送检汇总表、见证取样记录表、送检委托书的填写方法，送检要求。

六、通用能力、职业素养、思政素养

自主学习、自我管理、信息检索、理解与表达、交往与合作、创新思维、解决问题等通用能力，安全意识、质量意识、规范意识、效率意识、成本意识、环保意识、市场意识、服务意识等职业素养，以及劳模精神、劳动精神、工匠精神等思政素养。

参考性学习任务

序号	名称	学习任务描述	参考学时
1	原材料取样	工作情境1：水泥取样 　　某学院建筑施工实训基地工程总建筑面积 2 534.54 m²，建筑占地面积 1 472 m²。建筑层数地上 3 层，一层层高 5.100 m，二层层高 4.200 m，三层层高 4.150 m，总高度为 14.350 m，基础采用静压式（PHC）预应力混凝土管桩基础 PHC500-125-A，上部主体结构类型采用框架结构。根据工程进度计划，将进行一层墙体砌筑，现进场一批水泥用于拌制砌筑砂浆。为保证该批水泥质量，须对进场的该批水泥进行见证取样送检。监理项目部已审核该批水泥的工程材料报审表。现要求取样员与见证员和检测机构沟通，对该批水泥实施现场见证取样。 　　1. 获取信息 　　（1）查阅《建筑工程检测试验技术管理规范》（JGJ 190—2010），列举材料见证取样相关要求，包括见证取样和送检概念、见证取样范围、见证取样流程，以及见证取样的试块、试件和材料送检要求。 　　（2）核对水泥进场计划和工程材料报审表，获取进场水泥生产厂家、品种、强度等级、数量、进场时间等信息，并填写进场水泥基本信息表。 　　（3）与见证员和检测机构沟通，明确进场水泥见证取样时间、地点、要求等内容，并将相关内容填写在水泥取样方案关键信息表中相应位置。 　　2. 制定取样方案 　　（1）明确水泥取样工具、取样部位、取样步骤、取样数量、制样方法等，并将相关内容填写在水泥取样方案关键信息表中相应位置。 　　（2）根据水泥取样方案关键信息表编制水泥取样方案。 　　3. 取样、制样 　　（1）按规定领取取样器、留样桶、台秤等工具，并能正确使用水泥取样工具。 　　（2）根据制定的水泥取样方案进行现场取样、制样。 　　4. 封样、标识 　　（1）编制水泥试样封样信息表，并按水泥试样封样信息表检查水泥试样能否满足封样要求。 　　（2）按要求在封样条上填写工程名称、取样施工部位、样品名称和	20

· 23 ·

| 1 | 原材料取样 | 数量、取样日期等内容，制作水泥封样条。

（3）将制好的封样条贴在按要求密封的留样桶外部。

5. 整理现场、填写见证取样记录表和送检委托书、签字并送检

（1）自觉按"7S"现场管理制度要求整理现场，并将工具归位。

（2）正确填写水泥见证取样记录表，包括工程名称、样品名称、取样地点、见证记录等。

（3）正确填写水泥送检委托书，包括施工单位、见证单位、见证人签名、取样人签名等内容。

（4）按规定要求，取样员与见证员一起将试样送检。

工作情境2：砂取样

该项目中，现进场一批砂用于拌制砌筑砂浆，为保证质量，须对该批砂进行见证取样送检。监理项目部已审核该批砂的工程材料报审表。现要求取样员与见证员和检测机构沟通，对该批砂实施现场见证取样。

1. 获取信息

（1）查阅《建筑工程检测试验技术管理规范》（JGJ 190—2010），列举材料见证取样相关要求，包括见证取样和送检概念、见证取样范围、见证取样流程，以及见证取样的试块、试件和材料送检要求。

（2）核对砂进场计划和工程材料报审表，获取进场砂的产地、规格、数量、进场时间等信息，并填写进场砂基本信息表。

（3）与见证员和检测机构沟通，明确进场砂见证取样时间、地点、要求等内容，并将相关内容填写在砂取样方案关键信息表中相应位置。

2. 制定取样方案

（1）明确砂取样工具、取样部位、取样步骤、取样数量、制样方法等，并将相关内容填写在砂取样方案关键信息表中相应位置。

（2）根据砂取样方案关键信息表编制砂取样方案。

3. 取样、制样

（1）按规定领取铲子、留样桶、台秤、铁板等工具。

（2）根据制定的砂取样方案进行现场取样、制样。

4. 封样、标识

（1）编制砂试样封样信息表，并按砂试样封样信息表检查砂试样能否满足封样要求。

（2）按要求在标识卡上填写工程名称、样品名称和数量、取样日期等内容，制作砂取样标识卡。

（3）按要求封样并将制好的标识卡贴在留样桶外部。 | |

		5. 整理现场、填写见证取样记录表和送检委托书、签字并送检	
1	原材料取样	（1）自觉按"7S"现场管理制度要求整理现场，并将工具归位。 （2）正确填写砂见证取样记录表，包括工程名称、样品名称、取样地点、见证记录等。 （3）正确填写砂送检委托书，包括施工单位、见证单位、见证人签名、取样人签名等内容。 （4）按规定要求，取样员与见证员一起将试样送检。 　工作情境3：钢筋取样 　根据工程进度计划，将进场一批钢筋用于一层楼板配筋。为保证质量，须对进场的钢筋进行见证取样送检。监理项目部已审核该批钢筋的工程材料报审表。现要求取样员与见证员和检测机构沟通，对该批钢筋实施现场见证取样。 　1. 获取信息 　（1）查阅《建筑工程检测试验技术管理规范》（JGJ 190—2010），列举材料见证取样相关要求，包括见证取样和送检概念、见证取样范围、见证取样流程，以及见证取样的试块、试件和材料送检要求。 　（2）核对钢筋进场计划和工程材料报审表，获取进场钢筋牌号、规格、尺寸、数量、进场时间等信息，并填写进场钢筋基本信息表。 　（3）与见证员和检测机构沟通，明确进场钢筋见证取样时间、地点、要求等内容，并将相关内容填写在钢筋取样方案关键信息表中相应位置。 　2. 制定取样方案 　（1）明确钢筋取样工具、取样部位、取样步骤、取样数量、制样方法等规定，并将相关内容填写在钢筋取样方案关键信息表中相应位置。 　（2）根据钢筋取样方案关键信息表编制钢筋取样方案。 　3. 取样、制样 　（1）按规定领取液压钢筋剪、米尺、记号笔、钢丝等工具，并能正确使用钢筋取样工具。 　（2）根据制定的钢筋取样方案进行现场取样、制样。 　4. 封样、标识 　（1）编制钢筋试样封样信息表，并按钢筋试样封样信息表检查钢筋试样能否满足封样要求。 　（2）按要求在标识卡上填写工程名称、样品名称和数量、取样日期等内容，制作钢筋取样标识卡。	

1	原材料取样	（3）按要求封样并将制好的标识卡贴在密封处。 　5. 整理现场、填写见证取样记录表和送检委托书、签字并送检 　（1）自觉按"7S"现场管理制度要求整理现场，并将工具归位。 　（2）正确填写钢筋见证取样记录表，包括工程名称、样品名称、取样地点、见证记录等。 　（3）正确填写钢筋送检委托书，包括施工单位、见证单位、见证人签名、取样人签名等内容。 　（4）按规定要求，取样员与见证员一起将试样送检。	
2	半成品和成品取样	工作情境1：蒸压加气混凝土砌块取样 　根据工程进度计划，将进场一批蒸压加气混凝土砌块用于砌筑一层墙体。为保证质量，须对进场的该批蒸压加气混凝土砌块进行见证取样送检。监理项目部已审核该批蒸压加气混凝土砌块的工程材料报审表。现要求取样员与见证员和检测机构沟通，对该批蒸压加气混凝土砌块实施现场见证取样。 　1. 获取信息 　（1）查阅《建筑工程检测试验技术管理规范》（JGJ 190—2010），列举材料见证取样相关要求，包括见证取样和送检概念、见证取样范围、见证取样流程，以及见证取样的试块、试件和材料送检要求。 　（2）核对蒸压加气混凝土砌块进场计划和蒸压加气混凝土砌块的工程材料构配件设备报审表，了解进场蒸压加气混凝土砌块品种、规格、等级、数量、进场时间等信息，并填写进场蒸压加气混凝土砌块基本信息表。 　（3）与见证员和检测机构沟通，明确见证取样时间、地点、要求等内容，并将相关内容填写在蒸压加气混凝土砌块取样方案关键信息表中相应位置。 　2. 制定取样方案 　（1）明确蒸压加气混凝土砌块取样工具、取样部位、取样步骤、取样数量、制样方法等规定，并将相关内容填写在蒸压加气混凝土砌块取样方案关键信息表中相应位置。 　（2）根据蒸压加气混凝土砌块取样方案关键信息表编制蒸压加气混凝土砌块取样方案。 　3. 取样、制样 　（1）按规定领取直角钢尺、米尺、记号笔、电锯等工具，并能正确使用蒸压加气混凝土砌块取样工具。 　（2）根据制定的蒸压加气混凝土砌块取样方案进行现场取样、制样。	20

		4. 封样、标识	
2	半成品和成品取样	（1）编制蒸压加气混凝土砌块试样封样信息表，并按蒸压加气混凝土砌块试样封样信息表检查蒸压加气混凝土砌块试样能否满足封样要求。	

4. 封样、标识

（1）编制蒸压加气混凝土砌块试样封样信息表，并按蒸压加气混凝土砌块试样封样信息表检查蒸压加气混凝土砌块试样能否满足封样要求。

（2）按要求在标识卡上填写工程名称、样品名称和数量、取样日期等内容，制作蒸压加气混凝土砌块取样标识卡。

（3）按要求封样并将制好的标识卡贴在密封处。

5. 整理现场、填写见证取样记录表和送检委托书、签字并送检

（1）自觉按"7S"现场管理制度要求整理现场，并将工具归位。

（2）正确填写蒸压加气混凝土砌块见证取样记录表，包括工程名称、样品名称、取样地点、见证记录等。

（3）正确填写蒸压加气混凝土砌块送检委托书，包括施工单位、见证单位、见证人签名、取样人签名等内容。

（4）按规定要求，取样员与见证员一起将试样送检。

工作情境2：改性沥青聚乙烯胎防水卷材取样

根据工程进度计划，将进场一批改性沥青聚乙烯胎防水卷材用于基础防水。为保证质量，须对进场的该批改性沥青聚乙烯胎防水卷材进行见证取样送检。监理项目部已审核该批改性沥青聚乙烯胎防水卷材的工程材料报审表。现要求取样员与见证员和检测机构沟通，对该批改性沥青聚乙烯胎防水卷材实施现场见证取样。

1. 获取信息

（1）查阅《建筑工程检测试验技术管理规范》（JGJ 190—2010），列举材料见证取样相关要求，包括见证取样和送检概念、见证取样范围、见证取样流程，以及见证取样的试块、试件和材料送检要求。

（2）核对改性沥青聚乙烯胎防水卷材进场计划和改性沥青聚乙烯胎防水卷材的工程材料构配件设备报审表，了解进场改性沥青聚乙烯胎防水卷材品种、标号、等级、数量、进场时间等信息，并填写进场改性沥青聚乙烯胎防水卷材基本信息表。

（3）与见证员和检测机构沟通，明确见证取样时间、地点、要求等内容，将相关内容填写在改性沥青聚乙烯胎防水卷材取样方案关键信息表中相应位置。

2. 制定取样方案

（1）明确改性沥青聚乙烯胎防水卷材取样工具、取样部位、取样步骤、取样数量、制样方法等规定，并将相关内容填写在改性沥青聚乙烯胎防水卷材取样方案关键信息表中相应位置。

| 2 | 半成品和成品取样 | （2）根据改性沥青聚乙烯胎防水卷材取样方案关键信息表编制改性沥青聚乙烯胎防水卷材取样方案。

3. 取样、制样
（1）按规定领取磅秤、米尺、直尺、测厚仪、记号笔、剪刀等工具，并能正确使用改性沥青聚乙烯胎防水卷材取样工具。
（2）根据制定的改性沥青聚乙烯胎防水卷材取样方案进行现场取样、制样。

4. 封样、标识
（1）编制改性沥青聚乙烯胎防水卷材试样封样信息表，并按改性沥青聚乙烯胎防水卷材试样封样信息表检查改性沥青聚乙烯胎防水卷材试样能否满足封样要求。
（2）按要求在标识卡上填写工程名称、样品名称和数量、取样日期等内容，制作改性沥青聚乙烯胎防水卷材取样标识卡。
（3）按要求封样并将制好的标识卡贴在密封处。

5. 整理现场、填写见证取样记录表和送检委托书、签字并送检
（1）自觉按"7S"现场管理制度要求整理现场，并将工具归位。
（2）正确填写改性沥青聚乙烯胎防水卷材见证取样记录表，包括工程名称、样品名称、取样地点、见证记录等。
（3）正确填写改性沥青聚乙烯胎防水卷材送检委托书，包括施工单位、见证单位、见证人签名、取样人签名等内容。
（4）按规定要求，取样员与见证员一起将试样送检。 | |
| 3 | 试块取样 | 工作情境1：混凝土试块取样

　　按照工程进度计划，实训基地工程项目部要从某商品混凝土搅拌站购入一批商品混凝土，用于浇筑首层框架柱，为保证质量，须对进场的该批商品混凝土进行见证取样并现场制作试块送检。监理机构已审核签字确认搅拌站提供的混凝土开盘鉴定证明，审核工程材料报审表、配合比设计并签发混凝土浇捣令，现要求取样员与见证员和检测机构沟通，对该批商品混凝土实施现场见证取样并制作试块。

　　1. 获取信息
（1）查阅《建筑工程检测试验技术管理规范》（JGJ 190—2010），列举材料见证取样相关要求，包括见证取样范围、见证取样流程，以及见证取样的试块、试件和材料送检要求。
（2）核对混凝土进场计划和混凝土工程材料报审表，并收集混凝土开盘鉴定证明、配合比设计，获取进场商品混凝土批次、强度等级、数量、进场时间、质量证明文件、自检结果等相关信息，并填写进场商品混凝土基本信息表。 | 20 |

| 3 | 试块取样 | （3）与见证员和检测机构沟通，明确见证取样时间、地点、要求等内容，并将相关内容填写在混凝土取样方案关键信息表中相应位置。
2. 制定取样方案
（1）明确取样时间和取样、制样注意事项等内容，并将相关内容填写在混凝土取样方案关键信息表中相应位置。
（2）根据混凝土取样方案关键信息表编制混凝土取样方案。
3. 取样、制样
（1）按规定领取坍落度桶、平铲、捣棍、铁锹、抹灰刀等工具，并能正确实施混凝土坍落度试验。
（2）按规定领取混凝土试模、平铲、捣棍、铁锹、抹灰刀、台秤等工具，并能正确使用混凝土试块取样工具
（3）根据制定的方案进行现场取样，并制成两组六个试块（一组标养送检，一组同部位湿养）。试块制作完成后，用不透水薄膜覆盖养护。
4. 封样、标识
（1）编制混凝土试块封样信息表，并按混凝土试块封样信息表检查混凝土试块能否满足封样要求。
（2）按要求在标签条上填写工程名称、构件部位、制作日期、强度等级，以及取样员、见证员、旁证人签名等内容，并按要求将制好的标签贴在混凝土试块外部。
5. 整理现场、填写见证取样记录表和送检委托书、签字并送检
（1）自觉按"7S"现场管理制度要求整理现场，并将工具归位。
（2）正确填写混凝土抗压强度试块见证取样记录表，包括工程名称、取样部位、取样地点、取样日期、见证记录等内容，并签字。
（3）正确填写混凝土抗压强度试块送检委托书，包括施工单位、见证单位、见证人签名、取样人签名等内容。
（4）按规定要求，取样员与见证员一起将试样送检。

工作情境2：水泥砂浆试块
按照工程进度计划，实训基地工程项目部现场拌制了一批M5水泥砂浆拟用于砌筑基础，监理机构已审核由检测机构出具的砂浆配合比设计报告。为保证质量，须对这批砂浆进行见证取样并现场制作试块送检。监理机构已审核水泥砂浆工程材料报审表，现要求取样员与见证员和检测机构沟通，对该批水泥砂浆实施现场见证取样并制作试块。
1. 获取信息
（1）查阅《建筑工程检测试验技术管理规范》（JGJ 190—2010），列 | |

		举材料见证取样相关要求，包括见证取样范围、见证取样流程，以及见证取样的试块、试件和材料送检要求。 （2）核对水泥砂浆进场计划和水泥砂浆工程材料报审表，收集水泥砂浆配合比设计信息，获取进场水泥砂浆批次、强度等级、数量、拌制时间等相关信息，并填写水泥砂浆基本信息。 （3）与见证员和检测机构沟通，明确见证取样时间、地点、要求等内容。 2. 制定取样方案 （1）明确水泥砂浆取样的取样工具、取样部位、取样步骤、取样数量、制样方法等内容，并将相关内容填写在水泥砂浆取样方案关键信息表中相应位置。 （2）根据水泥砂浆取样方案关键信息表编制水泥砂浆取样方案。 3. 取样、制样 （1）按规定领取砂浆试模、平铲、捣棒、台秤等工具，并能正确使用水泥砂浆试块取样工具。 （2）根据制定的方案进行现场取样，并制成两组六个试块（一组标养送检，一组同部位湿养）。试块制作完成后，用不透水薄膜覆盖养护。 4. 封样、标识 （1）编制水泥砂浆试块封样信息表，并按水泥砂浆试块封样信息表检查水泥砂浆试块能否满足封样要求。 （2）按要求在标签条上填写工程名称、构件部位、制作日期、强度等级，以及取样员、见证员、旁证人签名等内容。并按要求将制好的标签贴在水泥砂浆试块外部。 5. 整理现场、填写见证取样记录表和送检委托书、签字并送检 （1）自觉按"7S"现场管理制度要求整理现场，并将工具归位。 （2）正确填写水泥砂浆抗压强度试块见证取样记录表，包括工程名称、取样部位、取样地点、取样日期、见证记录等内容，并签字。 （3）正确填写水泥砂浆抗压强度试块送检委托书，包括施工单位、见证单位、见证人签名、取样人签名等内容。 （4）按规定要求，取样员和见证员一起将试样送检。	
3	试块取样		
4	试件取样	**工作情境 1：钢筋机械连接接头** 实训基地工程项目一层柱 φ20 钢筋采用机械连接接头连接。监理机构已审核出厂合格证、质量说明书、型式检验报告。为保证质量，须对这批钢筋机械连接接头进行见证取样并现场制作试件送检。现要求	20

| 4 | 试件取样 | 取样员与见证员和检测机构沟通,对该批钢筋连接件进行见证取样并制作试件。

1. 获取信息
（1）查阅《建筑工程检测试验技术管理规范》（JGJ 190—2010），列举材料见证取样相关要求,包括见证取样范围、见证取样流程,以及见证取样的试块、试件和材料送检要求。
（2）了解现场施工进度和核对现场钢筋机械连接接头数量,获取钢筋机械连接接头检验批批次、位置、数量等相关信息,并填写进场商品混凝土基本信息。
（3）与见证员和检测机构沟通,明确见证取样时间、地点、要求等内容。

2. 制定取样方案
（1）查看接头处外观质量是否合格,并将相关内容填写在钢筋机械连接接头取样方案关键信息表中相应位置。
（2）根据钢筋机械连接接头取样方案关键信息表编制钢筋机械连接接头取样方案。

3. 取样、制样
（1）按规定领取液压钢筋剪等工具,并能正确使用钢筋机械连接接头取样工具。
（2）根据制定的方案进行现场取样,并制成一组三个试样,用铁丝绑扎。

4. 封样、标识
（1）编制钢筋机械连接试件封样信息表,并按钢筋机械连接试件封样信息表检查钢筋机械连接试件能否满足封样要求。
（2）填写标识单,标明工程名称、取样名称、取样部位、取样日期及样品数量等内容,并把标识单贴在绑扎好的铁丝上。

5. 整理现场、填写见证取样记录表和送检委托书、签字并送检
（1）自觉按"7S"现场管理制度要求整理现场,并将工具归位。
（2）正确填写见证取样记录表,包括工程名称、取样部位、取样地点、取样日期、见证记录等内容,并签字。
（3）正确填写钢筋机械连接试件送检委托书,包括施工单位、见证单位、见证人签名、取样人签名等内容。
（4）按规定要求,取样员和见证员一起将试样送检。

工作情境2：钢筋焊接接头试件
实训基地工程项目一层柱 φ16 钢筋连接采用闪光对焊焊接接头。 | |

| 4 | 试件取样 | 监理机构已审核出厂合格证、质量说明书、型式检验报告。为保证质量，须对这批钢筋焊接接头试件进行见证取样并现场制作试件送检。现要求取样员与见证员和检测机构沟通，对该批钢筋连接件进行见证取样并制作试件。

1. 获取信息
（1）查阅《建筑工程检测试验技术管理规范》（JGJ 190—2010），列举材料见证取样相关要求，包括见证取样范围、见证取样流程，以及见证取样的试块、试件和材料送检要求。
（2）了解现场施工进度和核对现场钢筋焊接接头数量，了解钢筋焊接接头试件检验批批次、位置、数量等相关信息，并填写钢筋焊接接头基本信息。
（3）与见证员和检测机构沟通，明确见证取样时间、地点、要求等内容，并将相关内容填写在钢筋焊接接头取样方案关键信息表中相应位置。

2. 制定取样方案
（1）明确钢筋焊接接头试件取样依据、取样时间、取样工具、取样部位、取样数量和取样方法等内容，并将相关内容填写在钢筋焊接接头取样方案关键信息表中相应位置。
（2）根据钢筋焊接接头取样方案关键信息表编制钢筋焊接接头试件取样方案。

3. 取样、制样
（1）按规定领取相关工具，并能正确使用钢筋焊接接头取样工具。
（2）根据制定的方案进行现场取样，并制成一组三个试样，用铁丝绑扎。

4. 封样、标识
（1）编制钢筋焊接接头试件封样信息表，并按钢筋焊接接头试件封样信息表检查钢筋焊接接头试件能否满足封样要求。
（2）填写标识单，标明工程名称、取样名称、部位、日期及样品数量等等内容。
（3）把标识单贴在绑扎好的铁丝上。

5. 整理现场、填写见证取样记录表和送检委托书、签字并送检
（1）自觉按"7S"现场管理制度要求整理现场，并将工具归位。
（2）正确填写见证取样记录表，包括工程名称、取样部位、取样地点、取样日期、见证记录等内容，并签字。 | |

4	试件取样	（3）正确填写钢筋焊接接头试件送检委托书，包括施工单位、见证单位、见证人签名、取样人签名等内容。 （4）按规定要求，取样员和见证员一起将试样送检。

教学实施建议

1. 教学组织方式与建议

建议在真实工作情境或模拟工作情境下运用行动导向教学理念实施教学，采取 2～3 人／组的分组教学形式。在完成工作任务的过程中，教师须加强示范与指导，注重学生职业素养和规范操作意识的培养。

2. 教学资源配备建议

（1）教学场地

建议配置建筑材料实训室，实训室须具备良好的照明和通风条件，分为集中教学区、信息检索区、资料存放区、分组实训区、成果展示区，并配备多媒体教学设备、实物等。

（2）工具与材料

除了课程所需的各式建筑原材料、半成品、成品、试块、试件等材料，建议按小组配备水泥取样器、容器、坍落度筒、混凝土试模、砂浆试模、抹刀、不透水薄膜、铁钉、大剪刀、封条等。

（3）教学资料

建议教师课前准备任务书、工作页、《建筑工程检测试验技术管理规范》（JGJ 190—2010）、建筑材料见证取样记录表。

教学考核要求

采用过程性考核和终结性考核相结合的方式。

1. 过程性考核

采用自我评价、小组评价和教师评价相结合的方式进行考核，让学生学会自我评价，教师要善于观察学生的学习过程，参照学生的自我评价、小组评价进行总评并提出改进建议。

（1）课堂考核：出勤、学习态度、课堂纪律，小组合作与展示等情况。

（2）作业考核：工作页的完成、课后练习等情况。

（3）阶段考核：实操测试、口述测试。

2. 终结性考核

考核任务案例：水泥的现场见证取样。

【情境描述】

某项目从某水泥厂购入一批袋装水泥，为保证质量，须对入场的该批水泥进行见证取样送检。监理机构已审核出厂检测报告单、产品出厂合格证。现对该批水泥实施现场见证取样。

【任务要求】

请根据任务的情境描述，在规定的时间内完成水泥取样：

1. 按照现行国家标准《水泥取样方法》（GB/T 12573—2008）要求，完成水泥取样方案的要点描述。

2. 根据规范要求，完成水泥取样制样，并做好试样封样、标识。

3. 按照规定填写见证取样表格并签字。

【参考资料】

完成上述任务时，可以使用所有常见教学资料，如任务书、工作页、《建筑工程检测试验技术管理规范》（JGJ 190—2010）、建筑材料见证取样记录表。

（三）建筑施工测量课程标准

工学一体化课程名称	建筑施工测量	基准学时	200

典型工作任务描述

建筑施工测量是建立施工控制网，按照设计要求，将图纸上设计的建筑物、构筑物的平面位置和高程以一定的精度测设到实地上的过程。建筑施工测量主要包括建筑物定位放样、建筑物高程测设和建筑物沉降观测等典型工作任务，目的是将图纸上设计的建筑物的平面位置、形状和高程标定在施工现场，并指导工程建设过程中的施工，使工程严格按照设计的要求进行建设。

测量员小王从工程项目部领取任务书和施工图纸、单体放样图和高程成果测量报告书等，查看施工现场，与工程项目部相关人员沟通（了解现场控制点的实地位置），确定测量内容，绘制施工测量草图；准备测量仪器、工具与材料，按照施工测量草图实施施工测量，并在现场布设测量点位；作业过程中要复核测量数据，并填写施工测量记录，计算整理施工测量成果；检查整理施工测量现场，复核现场布设点位；将施工测量记录表和测量成果交付工程项目部。

施工测量过程中，应遵守《工程测量标准》（GB 50026—2020）等规范和标准，按照施工测量方案和企业作业规范等要求进行施工测量，施工测量完工后按合同和《工程测量标准》（GB 50026—2020）进行检查验收。

工作内容分析

工作对象：	工具、材料、设备与资料：	工作要求：
1. 领取任务书，获取工作内容与要求，与工程项目部相关人员沟通； 2. 收集资料，勘查现场，绘制施工测量草图； 3. 领取仪器设备、工具、材料，检查仪器设备及工具，实施施工测量； 4. 检查测量记录，复核测量成果；	1. 工具：水准尺、钢卷尺、测钎、铁锤、对中杆、铅笔、签字笔、油性笔、计算器、棱镜； 2. 材料：木桩、铁钉、尼龙线、钢筋头、实心砖等； 3. 设备：水准仪、经纬仪、全站仪、垂直仪、计算机等； 4. 资料：任务书、相关图纸、《工程测量标准》（GB 50026—2020）等现行标准和规范、施工测量记录表及测量成果计算表。 **工作方法：** 提纲法、询问法、信息检索法、实地勘查法、角色互换法、双仪高法、双面尺法、测回法、小组成员互检法。	1. 根据任务书，明确工作内容和要求，与工程项目部相关人员沟通，了解现场控制点的实地位置； 2. 根据任务书和施工图纸、单体放样图和高程成果测量报告书，以及现场实际地形，确定测量内容，绘制施工测量草图； 3. 工具、材料和设备符合任务书的要求，施工测量过程遵守《工程测量标准》（GB 50026—2020）等现行标准和规范，按照施工测量草图实施施工测量，填写施工测量记录表并对成果进行计算；

5. 提交施工测量成果，评价总结。	**劳动组织方式：** 以小组合作的方式进行。从工程项目部获取工作任务，与工程项目部项目负责人沟通明确工作计划，组建建筑施工测量小组，合作完成施工测量任务，必要时与工程项目部等相关人员沟通，获得坐标点和高程控制点，任务完成后与工程项目部项目负责人沟通验收，上交成果。	4. 小组成员对施工测量成果（成果计算表及现场布设的测量点位）进行复核； 5. 对已完成的建筑施工测量工作进行记录、评价、反馈和存档。

课程目标

学习完本课程后，学生应能胜任建筑施工测量工作，明确建筑施工测量的工作内容、流程，能遵循工程测量规范，在教师指导下完成建筑物定位放样、建筑物高程测设、建筑物沉降观测、建筑物施工导线测量等工作任务。

1. 能读懂任务书及施工图纸，必要时能与相关人员沟通，明确建筑施工测量的内容与要求。

2. 能根据任务书及施工图纸，并结合施工现场编制施工测量方案。

3. 能使用测量仪器及工具，按照施工测量方案进行施工测量。

4. 能按照建筑施工测量规范，对外业测量成果进行检查复核。

5. 能按要求填写施工测量外业相关记录表，整理施工测量成果。

6. 能将测量成果转化成为工程测量技术资料，并归类存档。

学习内容

本课程的主要学习内容包括：

一、获取信息，明确任务

实践知识：旋转木马法的使用，测量原理图的绘制。

理论知识：测量原理。

二、计划与决策

实践知识：建筑施工测量设备与工具的选择，建筑施工测量记录、成果计算等表格的选用，建筑施工测量方案的编制等。

理论知识：测量设备与工具的构造，建筑施工测量的外业施测，建筑施工测量的外业施测记录表、内业成果计算表等，建筑施工测量方案的编制要素等。

三、实施施工过程质量检查计划

实践知识：测量设备与工具的使用，建筑施工测量外业测量记录的填写，建筑施工测量内业成果的计算，建筑施工测量的实地布点及保护。

理论知识：测量设备与工具的使用方法，建筑施工测量外业施测方法，建筑施工测量记录方法，建筑施工测量内业成果计算方法，建筑施工测量实地布点及保护措施。

四、过程控制，检查交付

实践知识：建筑施工测量内业成果（资料）和外业成果（布点）的检查与评价。

理论知识：建筑施工测量的外业施测和内业成果计算等注意事项。

五、评价反馈

实践知识：建筑施工测量内业成果资料的整理归档，建筑施工测量成果的汇报、自评、互评。

理论知识：建筑施工测量内业成果资料整理归档注意事项。

六、通用能力、职业素养、思政素养

自主学习、自我管理、信息检索、理解与表达、交往与合作、创新思维、解决问题等通用能力，安全意识、质量意识、规范意识、效率意识、成本意识、环保意识、市场意识、服务意识等职业素养，以及劳模精神、劳动精神、工匠精神等思政素养。

参考性学习任务

序号	名称	学习任务描述	参考学时
1	建筑物定位放样	工作情境1：某施工单位进入某施工现场后，需要根据测绘单位所给的控制点将拟建的建筑物的角点标定出来，作为后序施工工序的施工依据。现需测量员小王按标准完成建筑物定位放样。 测量员小王从项目技术负责人处领取任务书和图纸等，明确工作时间和要求；查看施工现场工作环境，检查控制点，绘制施工测量草图，编制测量方案，根据施工测量方案，检查测量仪器设备与材料，准备所需测量工具；按施工测量方案和图纸要求组织实施建筑物的定位，作业过程中要复核数据，并填写施工测量记录；整理施工测量现场，将施工测量记录表和测量成果交付工程项目部。 工作情境2：该工程三层梁板混凝土浇筑完成后对楼层进行放样。 测量员小王从项目技术负责人处领取任务书和图纸等，明确工作时间和要求；查看施工现场工作环境，检查控制点，绘制施工测量草图，编制测量方案，根据施工测量方案，检查测量仪器设备与材料，准备所需测量工具；按施工测量方案和图纸要求组织实施建筑物的楼层放样，作业过程中要复核数据，并填写施工测量记录；整理施工测量现场，将施工测量记录表和测量成果交付工程项目部。	50
2	建筑物高程测设	工作情境：该工程三层梁板混凝土浇筑完成后，现在需要对建筑物的高程进行测设，作为后续施工工序的施工依据。现需测量员小王按标准完成建筑物的高程传递和测设。 测量员小王从项目技术负责人处领取任务书和图纸等，明确工作时间和要求；查看施工现场工作环境，检查控制点，绘制施工测量草图，编制测量方案，根据施工测量方案，检查测量仪器设备与材料，准备所需测量工具；按施工测量方案和图纸要求组织实施建筑物的高程测设，作业过程中要复核数据，并填写施工测量记录；整理施工测量现场，将施工测量记录表和测量成果交付工程项目部。	50

		工作情境：该工程主体已经施工完成5天，现在需要对建筑物的沉降进行观测，确保建筑物能够满足使用功能及安全性要求，以及确保后续施工的安全。现需测量员小王按标准完成建筑物沉降观测。	
3	建筑物沉降观测	测量员小王从项目技术负责人处领取任务书和图纸等，明确工作时间和要求；查看施工现场工作环境，检查控制点，绘制施工测量草图，编制测量方案，根据施工测量方案，检查测量仪器设备与材料，准备所需测量工具；按施工测量方案和图纸要求组织实施建筑物的沉降观测，作业过程中要复核数据，并填写施工测量记录；整理施工测量现场，将施工测量记录表和测量成果交付工程项目部。	50
4	建筑施工导线测量	工作情境：某项目由13栋小高层住宅及2栋附属配套用房、地下1层车库组成，其中1#~4#楼为12层，5#、8#、9#、11#、12#楼为13层，6#、7#、10#、13#楼为14层，总建筑面积129 192.33 m²，其中地上总建筑面积98 117.33 m²，地下建筑面积31 075.00 m²。该工地即将开工建设，现甲方已经向施工单位移交导线控制点数据。由于本工程占地面积较广，施工场区面积较大，结合现场情况，本工程控制网分两级（Ⅰ级场区控制网和Ⅱ级建筑物控制网）测设，以此保证工程施工精度。控制网的作用主要是满足施工放样精度，并且将设计的建筑物转移到平面上，还可以作为竣工检查验收建筑物位置和编测竣工总平面图的控制依据。现需测设1#楼的轴线控制网。 测量员小王从项目技术负责人处领取任务书和图纸等，明确工作时间和要求；查看施工现场工作环境，检查控制点，绘制施工测量草图，编制测量方案，根据施工测量方案，检查测量仪器设备与材料，准备所需测量工具；按施工测量方案和图纸要求组织实施建筑物的导线测设，作业过程中要复核数据，并填写施工测量记录；整理施工测量现场，将施工测量记录表和测量成果交付工程项目部。	50

教学实施建议

1. 教学组织方式与建议

采用行动导向的教学方法。为确保教学安全，提高教学效果，建议采取3~5人/组的分组教学形式；在完成工作任务的过程中，教师须加强示范与指导，注重规范操作和学生职业素养的培养。

2. 教学资源配备建议

（1）教学场地

建筑施工测量一体化实训场地须具备良好的安全、照明和通风条件，可分为集中教学区、分组教学区、信息检索区、工具存放区和成果展示区，并配备相应的多媒体教学设备和室外测量实训场地，面积至少

$1\,000\ m^2$，以能同时容纳 50 人开展教学活动为宜。

（2）工具、材料、设备（按组配置）

1）工具：铅笔、签字笔、油性笔、记录板、水准尺、尺垫、钢卷尺、测钎、对中杆、棱镜、计算器、铁锤等。

2）材料：木桩、铁钉、尼龙线、标签纸等。

3）设备：水准仪、经纬仪、全站仪、垂直仪、计算机等。

（3）教学资料

以工作页为主，配备教材、任务书、相关图纸、施工测量记录表、测量成果计算表及《工程测量标准》（GB 50026—2020）等现行标准和规范。

教学考核要求

采用过程性考核和终结性考核相结合的方式。

1. 过程性考核

采用自我评价、小组评价和教师评价相结合的方式进行考核；让学生学会自我评价，教师要善于观察学生的学习过程，参照学生的自我评价、小组评价进行总评并提出改进建议。

（1）课堂考核：考核出勤、学习态度、课堂纪律，小组合作与展示等情况。

（2）作业考核：考核工作页的完成、课后练习等情况。

（3）阶段考核：书面测试、实操测试、口述测试。

2. 终结性考核

学生根据任务情境中的要求，制订建筑测量施工方案，并按照作业规范，在规定时间内完成建筑物高程测设作业任务，测设的精度达到规范规定的要求。

考核任务案例：建筑物定位放样。

【情境描述】

某施工单位进入施工现场后，测绘单位已将现场测量控制点在施工现场测设完成，现项目经理安排完成拟建建筑物的定位放样任务。

【任务要求】

请根据任务的情境描述，在规定的时间内，分别完成建筑物定位施工测量方案的编制和建筑物定位放样：

1. 查看施工现场工作环境，检查控制点，绘制施工测量草图，编制测量方案。

2. 根据施工测量方案，检查测量仪器设备与材料，准备所需测量工具。

3. 按施工测量方案和图纸要求组织实施建筑物的定位放样，作业过程中要复核数据。

4. 填写施工测量记录，整理施工测量现场，将施工测量记录表和测量成果交付工程项目部。

【参考资料】

完成上述任务时，可以使用所有的常见教学资料，如工作页、教材、规范标准、个人笔记等。

（四）施工过程质量检查课程标准

工学一体化课程名称	施工过程质量检查	基准学时	240

典型工作任务描述

施工过程质量反映建筑物各种生产过程的施工质量情况，是形成最终建筑物质量的重要阶段。

施工过程中通过对基础工程、主体工程、防水工程、装饰工程、屋面工程及建筑节能工程施工质量进行检查，判断工程产品的质量特性是否符合要求，将工程质量缺陷消灭在萌芽状态。

施工员从工程项目部领取任务书、施工组织设计（含专项方案）、施工图纸、班组合同等资料；查看施工现场，了解施工进度等情况；与工程项目部、施工作业班组相关人员沟通，确定施工过程质量检查内容；准备检测工量具、仪器设备，按照施工方案、图纸及质量验收规范等实施施工过程质量检查，记录检查结果；对照任务书、所确定的施工过程质量检查内容等，进行自检（是否遗漏检查项目、部位，检查批次或频率是否符合要求等）；统计检查结果，交付给工程项目部，要求工程项目部针对施工过程质量检查结果，跟踪督促不合格项整改，并对整改后的施工质量进行检查验收。

施工过程质量检查过程中，应遵守《建筑工程施工质量验收统一标准》（GB 50300—2013）等国家有关法律、法规及工程建设规范、标准、地方性标准的规定，按照施工总组织设计方案、各种专项方案、企业标准等要求进行施工质量检查与验收。

工作内容分析

工作对象：	工具、设备与资料：	工作要求：
1. 获取信息，明确任务：领取任务和施工组织设计（含专项方案）、施工图纸、班组合同等； 2. 计划与决策 （1）查看现场工作环境； （2）与相关人员沟通，确定施工过程质量检查内容，准备工量具、设备； 3. 实施施工过程质量检查计划：实施质量检查，填写工程施工质量检查记录表、工程施工质量验收记录表； 4. 过程控制，检查交付 （1）对照任务所确定的施工过程质量检查内容等进行自检；	1. 工具：记号笔、计算器、钢卷尺、扭力扳手、游标卡尺、靠尺、内外直角检测尺、楔形塞尺、对角检测尺、焊缝检测尺、百格网、检测镜、线锤、卷线器、响鼓槌、钢针小锤、水准尺、棱镜等； 2. 设备：水准仪、经纬仪、全站仪、回弹仪、钢筋保护层测定仪、激光测距仪等； 3. 资料：任务书、相关图纸、施工组织设计（含专项方案）、班组合同、《建筑工程施工质量验收统一标准》（GB 50300—2013）、《建筑地基基础工程施工质量验收标准》（GB 50202—2018）、《砌体结构工程施工质量验收规范》（GB 50203—2011）、《混凝土结构工程施工质量验收规范》（GB 50204—2015）、《屋面工程质量验收规范》（GB 50207—2012）、《地下防水工程质量验收规范》（GB 50208—2011）、《建筑地面工程施工质量验收规范》（GB 50209—2010）、《建筑装饰装修工程质量	1. 根据任务内容、施工组织设计（含专项方案）、班组合同，明确检查的工序内容、时间和要求； 2. 查看现场现有工序进度、施工过程，明确作业顺序、内容； 3. 与工程项目部等人员进行专业沟通，记录施工过程质量、进度、成本等关键内容，确定工序检查的内容、批次、数量及顺序等； 4. 按国家标准、施工质量验收规范、企业标准等要求实施施工过程质量检查； 5. 自检时，主要是自检是否遗漏检查项目、部位，以及检查批次或频率是否符合

（2）整理质量检查记录表，填写质量隐患整改通知单，提出整改措施，督促整改，整改复查； 5. 评价反馈 将质量检查结果反馈至项目部，将验收记录存档。	验收标准》（GB 50210—2018）、《建筑节能工程施工质量验收标准》（GB 50411—2019）等现行标准和规范、工程施工质量检查记录表、工程施工质量验收记录表。 **工作方法：** 提纲法、询问法、信息检索法、查阅法、视觉检查法（看、摸、敲、照）、量测检查法（靠、吊、量、套）、试验检查法（理化试验法、无损检测法）等。 **劳动组织方式：** 以小组合作的方式进行。从工程项目部获取工作任务，与工程项目部项目负责人沟通明确工作计划，组建建筑施工过程检查小组，采用小组合作完成施工过程质量检查任务，任务完成后向施工作业班组通报质量检查意见并跟踪不合格项整改，向工程项目部项目负责人汇报施工质量检查结果。	要求等； 6. 根据质量检查记录表确定质量隐患整改内容，确保质量隐患整改措施合理可行（整改后进行复查，整改前后取证）； 7. 将质量检查情况反馈至项目部，将验收记录按要求归档。

课程目标

学习完本课程后，学生应能胜任施工现场质量检查工作，明确质量检查的项目、施工工艺流程和规范，能严格遵守从业人员的职业道德，在教师指导下完成基础工程质量检查、主体工程质量检查、屋面工程质量检查、防水工程质量检查、装饰工程质量检查、建筑节能工程质量检查等工作任务。

1. 能读懂施工图和施工方案，并根据施工过程的特点选择合适的施工方案，必要时与相关人员进行沟通，明确施工过程质量检查的内容和要求。

2. 能准确查阅施工工艺标准、技术规程、质量验收规范等相关资料，正确列出质量检查的内容、方法与规范，记录相关质量验收标准。

3. 能根据建筑施工质量验收规范要求并结合图纸，通过视觉检查法、量测检查法、试验检查法等方法对施工现场的基础工程、主体工程、屋面工程、防水工程、装饰工程及建筑节能工程等进行质量检查。

4. 能判别常见工程质量问题，确定处理办法，按要求填写施工质量验收记录，对存在的质量隐患提出改进措施并督促整改。

5. 能按要求整理施工质量验收记录，形成质量验收报告，上报工程项目部。

学习内容

本课程主要学习内容包括：

一、获取信息，明确任务

实践知识：施工图和施工方案的识读，施工方案的选择，与相关人员的沟通，施工过程质量检查内容和要求的明确。

理论知识：施工图识读步骤，《混凝土结构施工图平面整体表示方法制图规则和构造详图》（22G101）系列施工图集、施工工艺标准、施工方案的内容。

二、计划与决策

实践知识：施工工艺标准、技术规程、质量验收规范等相关资料的查阅，工作计划的编写与审定。

理论知识：检验批的划分原则，技术规程、建筑工程质量验收规范的查阅方法，质量检测工器具的功能与使用方法。

三、实施施工过程质量检查计划

实践知识：基础工程、主体工程、防水工程、装饰工程、屋面工程及建筑节能工程等的质量检查。

理论知识：技术交底方法，质量检查工器具选用方法，分项检查的批次频率与手法，检查用表与记录方法。

四、过程控制、检查交付

实践知识：常见工程质量问题的判别和处理办法的确定，施工质量验收记录的填写，质量隐患的督促整改。

理论知识：常见施工质量通病及防治措施、不合格项整改方法、质量验收内容及验收方法、工程质量验收记录表与记录方法。

五、评价反馈

实践知识：施工质量验收记录的整理，质量验收报告的撰写和上报。

理论知识：建筑工程施工文件管理规程、《建设工程文件归档规范（2019年版）》（GB/T 50328—2014）、收发文及交接步骤。

六、通用能力、职业素养、思政素养

自主学习、自我管理、信息检索、理解与表达、交往与合作、创新思维、解决问题等通用能力，安全意识、质量意识、规范意识、效率意识、成本意识、环保意识、市场意识、服务意识等职业素养，以及劳模精神、劳动精神、工匠精神等思政素养。

参考性学习任务

序号	名称	学习任务描述	参考学时
1	基础工程质量检查	工作情境1：某新建综合仓库拟建于山坡地块，设计占地8 960 m²，设计共21栋储存仓库。施工单位已根据建设单位提供的现场土方平整网格图进行施工部署，组织机械进场施工。现需现场施工员按图纸、质量验收规范要求对场地平整施工过程进行质量检查。 施工员从项目负责人处领取任务单，明确工作时间和要求；根据相关图纸、施工方案、技术规范及质量验收标准等，查看施工现场，编制场地平整工程施工过程质量检查计划，检查设备和材料，准备检查工具；根据检查计划进行质量检查，主要完成土方工程量复核、	40

1	基础工程质量检查	土方机械、土方开挖、土方调配、土方回填等的检查，并如实填写施工质量检查记录，向施工作业班组通报质量检查意见并跟踪不合格项整改，向工程项目部项目负责人汇报施工质量检查结果。 　　工作情境 2：某社区服务中心工程为钢筋混凝土框架结构，地下 1 层，层高 4.5 m，基坑采用土钉墙支护结构，分 3 层开挖，每层开挖深度 1.5 m。第二层已开挖并支护完成，目前施工班组进行第三层基坑（标高 –3.0～–4.5 m）的开挖与支护施工。现需现场施工员按图纸、质量验收规范要求对基坑开挖及基坑支护施工过程进行质量检查。 　　施工员从项目负责人处领取任务单，明确工作时间和要求；根据相关图纸、施工方案、技术规范及质量验收标准等，查看施工现场，编制基坑开挖及土钉支护工程施工过程质量检查计划，检查设备和材料，准备检查工具；根据检查计划进行质量检查，主要完成基底分层开挖及标高、基坑长度和宽度、土方边坡、表面平整度、基底土性、锚杆土钉长度、锚杆或土钉位置、钻孔倾斜度、浆体强度、注浆量、土钉墙面厚度等的检查，并如实填写施工质量检查记录，向施工作业班组通报质量检查意见并跟踪不合格项整改，向工程项目部项目负责人汇报施工质量检查结果。 　　工作情境 3：某社区服务中心工程为钢筋混凝土框架结构，地下 1 层，层高 4.5 m，基坑已开挖并支护完成，基坑验收过程中发现基底土质部分为湿陷性黄土。因面积及厚度均不大，根据设计及地质勘查单位出具的设计修改通知单，拟采用现场开挖出的粉质黏土对该部分土质进行换填。现需现场施工员按图纸、质量验收规范要求对地基土换填施工过程进行质量检查。 　　施工员从项目负责人处领取任务单，明确工作时间和要求；根据相关图纸、施工方案、技术规范及质量验收标准等，查看施工现场，编制地基土方换填施工过程质量检查计划，检查设备和材料，准备检查工具；根据检查计划进行质量检查，主要完成换填土料的分层压实系数、回填土料、分层厚度及含水量、表面平整度等的检查，并如实填写施工质量检查记录，向施工作业班组通报质量检查意见并跟踪不合格项整改，向工程项目部项目负责人汇报施工质量检查结果。 　　工作情境 4：某教学综合楼工程为钢筋混凝土框架结构，地上 5 层，采用钢筋混凝土条形基础。目前基槽验收通过，现场进行条形基础施工。现需现场施工员按图纸、质量验收规范要求对条形基础

1	基础工程质量检查	施工过程进行质量检查。
		施工员从项目负责人处领取任务单，明确工作时间和要求；根据相关图纸、施工方案、技术规范及质量验收标准等，查看施工现场，编制条形基础施工过程质量检查计划，检查设备和材料，准备检查工具；根据检查计划进行质量检查，主要完成条形基础基底清理、轴线位置、截面尺寸、标高等的检查，并如实填写施工质量检查记录，向施工作业班组通报质量检查意见并跟踪不合格项整改，向工程项目部项目负责人汇报施工质量检查结果。
		工作情境5：某教学综合楼工程为钢筋混凝土框架结构，地上5层，采用钢筋混凝土独立基础。目前基槽验收通过，现场进行独立基础施工。现需现场施工员按图纸、质量验收规范要求对独立基础施工过程进行质量检查。
		施工员从项目负责人处领取任务单，明确工作时间和要求；根据相关图纸、施工方案、技术规范及质量验收标准等，查看施工现场，编制独立基础施工过程质量检查计划，检查设备和材料，准备检查工具；根据检查计划进行质量检查，主要完成独立基础基底清理，以及轴线位置、截面尺寸、标高等的检查，并如实填写施工质量检查记录，向施工作业班组通报质量检查意见并跟踪不合格项整改，向工程项目部项目负责人汇报施工质量检查结果。
		工作情境6：2#学生宿舍楼工程为钢筋混凝土框架结构，地上5层，采用混凝土灌注桩基础。目前桩基定位验收通过，现场进行钻孔灌注桩施工。现需现场施工员按图纸、质量验收规范要求对钻孔灌注桩施工过程进行质量检查。
		施工员从项目负责人处领取任务单，明确工作时间和要求；根据相关图纸、施工方案、技术规范及质量验收标准等，查看施工现场，编制独立基础施工过程质量检查计划，检查设备和材料，准备检查工具；根据检查计划进行质量检查，主要完成成孔设备、钻孔桩孔孔深和孔径、桩身垂直度、泥浆比重（黏土或砂性土中）、泥浆面标高（高于地下水位）、沉渣厚度、桩顶标高、钢筋笼安装等的检查，并如实填写施工质量检查记录，向施工作业班组通报质量检查意见并跟踪不合格项整改，向工程项目部项目负责人汇报施工质量检查结果。
		工作情境7：3#学生宿舍楼工程为钢筋混凝土框架结构，地上6层，采用预应力管桩基础。目前桩基已完成工程试打桩，现场进行预应力管桩施工。现需现场施工员按图纸、质量验收规范要求对预

		应力管桩施工过程进行质量检查。	
1	基础工程质量检查	施工员从项目负责人处领取任务单，明确工作时间和要求；根据相关图纸、施工方案、技术规范及质量验收标准等，查看施工现场，编制独立基础施工过程质量检查计划，检查设备和材料，准备检查工具；根据检查计划进行质量检查，主要完成桩机设备、成品桩质量、桩位偏差、桩身垂直度、打桩顺序、桩顶标高、接桩、停锤标准等的检查，并如实填写施工质量检查记录，向施工作业班组通报质量检查意见并跟踪不合格项整改，向工程项目部项目负责人汇报施工质量检查结果。	
2	主体工程质量检查	工作情境1：某社区服务中心工程为钢筋混凝土框架结构，地下1层，地上3层。主体工程框架一层柱混凝土浇筑完成，目前模板班组根据相关图纸、模板施工方案进行主体框架结构二层梁板模板施工。现需现场施工员按图纸、质量验收规范要求对现场模板及支撑体系施工过程进行质量检查。 施工员从项目负责人处领取任务单，明确工作时间和要求；根据相关图纸、模板施工方案、技术规范及质量验收标准等，查看施工现场，编制模板工程施工过程质量检查计划，检查设备和材料，准备检查工具；根据检查计划进行质量检查，主要完成模板轴线位置、底模上表面标高、截面内部尺寸、相邻两板表面高低差、表面平整度、接缝及预留洞口、模板与混凝土的接触面清理及隔离剂涂刷等的检查，并如实填写施工质量检查记录，向施工作业班组通报质量检查意见并跟踪不合格项整改，向工程项目部项目负责人汇报施工质量检查结果。 工作情境2：某社区服务中心工程为钢筋混凝土框架结构，地下1层，地上3层。主体工程框架一层柱混凝土浇筑完成，目前钢筋班组根据结构施工图、钢筋施工方案进行主体框架结构二层梁板钢筋制作与安装。现需现场施工员按图纸、质量验收规范要求对现场钢筋制作与安装施工过程进行质量检查。 施工员从项目负责人处领取任务单，明确工作时间和要求；根据相关图纸、施工方案、技术规范及施工质量验收标准等，查看施工现场，编制钢筋工程制作与安装施工过程质量检查计划，检查设备和材料，准备检查工具；根据检查计划进行质量检查，主要完成纵向受力钢筋的品种、规格、数量、位置，钢筋的连接方式、接头位置、接头数量、接头面积百分率，箍筋、横向钢筋、附加筋的品种、	40

		规格、数量、间距，以及预埋件的规格、数量、位置等的检查，并如实填写施工质量检查记录，向施工作业班组通报质量检查意见并跟踪不合格项整改，向工程项目部项目负责人汇报施工质量检查结果。 工作情境3：某社区服务中心工程为钢筋混凝土框架结构，地下1层，基础底板厚0.8 m，根据设计图纸，筏板基础中间设置一道0.8 m宽后浇带。目前筏板基础底板钢筋已安装并验收通过，即将进行底板混凝土浇灌施工。现需现场施工员按图纸、质量验收规范要求对现场混凝土浇灌施工过程进行质量检查。 施工员从项目负责人处领取任务单，明确工作时间和要求；根据相关图纸、施工方案、技术规范及施工质量验收标准等，查看施工现场，编制混凝土浇灌施工过程质量检查计划，检查设备和材料，准备检查工具；根据检查计划进行质量检查，主要完成混凝土开盘鉴定、混凝土浇灌顺序和方法、混凝土振捣实施情况、施工缝及后浇带处理措施、混凝土测温计养护措施等的检查，并如实填写施工质量检查记录，向施工作业班组通报质量检查意见并跟踪不合格项整改，向工程项目部项目负责人汇报施工质量检查结果。 工作情境4：某社区服务中心工程为钢筋混凝土框架结构，地下1层，地上3层，主体工程一层层高5.8 m，梁最大跨度7.6 m，二层以上层高3.3 m，填充墙采用粉煤灰多孔砖。目前框架主体结构已封顶，现场进行一层填充墙砌体砌筑。现需现场施工员按图纸、质量验收规范要求对现场填充墙砌筑施工过程进行质量检查。 施工员从项目负责人处领取任务单，明确工作时间和要求；根据相关图纸、施工方案、技术规范及施工质量验收标准等，查看施工现场，编制填充墙砌体施工过程质量检查计划，检查设备和材料，准备检查工具；根据检查计划进行质量检查，主要完成砌块质量、砌筑砂浆、砌体轴线位移、墙面垂直度、砌体表面平整度、门窗洞口尺寸及偏移、水平缝及竖直缝砂浆饱满度、拉结筋和网片位置及埋置长度、砌体搭砌长度、灰缝厚度及宽度、构造柱及水平梁设置等的检查，并如实填写施工质量检查记录，向施工作业班组通报质量检查意见并跟踪不合格项整改，向工程项目部项目负责人汇报施工质量检查结果。	
2	主体工程质量 检查	

| 3 | 屋面工程质量检查 | 工作情境1：某实训楼工程为钢筋混凝土框架结构，地上三层，设计为上人平屋面，屋面结构层为：钢筋混凝土屋面板，20 mm厚1∶2.5水泥砂浆找平层，2 mm厚合成高分子防水涂料，加气混凝土砌块找坡（最薄处30 mm），20 mm厚1∶2.5水泥砂浆找平层，4 mm厚APP改性沥青卷材，60 mm厚岩棉板保温层，40 mm厚C20细石混凝土（内配φ4@200双向钢筋网），20 mm厚1∶1水泥砂浆结合层，地砖面层。目前现场进入平屋面施工，现需现场施工员按图纸、质量验收规范要求对平屋面施工过程进行质量检查。

施工员从项目负责人处领取任务单，明确工作时间和要求；根据相关图纸、施工方案、技术规范及施工质量验收标准等，查看施工现场，编制平屋面施工过程质量检查计划，检查设备和材料，准备检查工具；根据检查计划进行质量检查，主要完成屋面找平层、找坡层、细石混凝土保护层、结合层、砖面层、泛水、天沟、檐口、雨水口等细部做法的检查，并如实填写施工质量检查记录，向施工作业班组通报质量检查意见并跟踪不合格项整改，向工程项目部项目负责人汇报施工质量检查结果。

工作情境2：某住宅楼工程为钢筋混凝土框架结构，地上六层，设计为不上人斜屋面，屋面结构层为：钢筋混凝土屋面板，20 mm厚1∶3水泥砂浆找平层，基层处理剂，2 mm厚合成高分子防水涂料，4 mm厚APP改性沥青卷材，60 mm厚聚苯乙烯泡沫保温层，30 mm厚C20细石混凝土（内配φ6@500×500钢筋网），20 mm厚1∶1水泥砂浆结合层，红色块瓦屋面（用双股18号铜丝将瓦与φ6钢筋绑牢）。目前现场进入斜屋面施工，现需现场施工员按图纸、质量验收规范要求对斜屋面施工过程进行质量检查。

施工员从项目负责人处领取任务单，明确工作时间和要求；根据相关图纸、施工方案、技术规范及施工质量验收标准等，查看施工现场，编制平屋面施工过程质量检查计划，检查设备和材料，准备检查工具；根据检查计划进行质量检查，主要完成屋面找平层、找坡层、细石混凝土保护层、结合层、块瓦面层、天沟、檐口、雨水口等细部做法的检查，并如实填写施工质量检查记录，向施工作业班组通报质量检查意见并跟踪不合格项整改，向工程项目部项目负责人汇报施工质量检查结果。 | 40 |
| 4 | 防水工程质量检查 | 工作情境1：某住宅楼工程为钢筋混凝土框架结构，地上六层，设计为不上人斜屋面，屋面结构层为：钢筋混凝土屋面板，20 mm厚1∶3水泥砂浆找平层，基层处理剂，2 mm厚合成高分子防水涂 | 40 |

| 4 | 防水工程质量检查 | 料，4 mm 厚 APP 改性沥青卷材，60 mm 厚聚苯乙烯泡沫保温层，30 mm 厚 C20 细石混凝土（内配 φ6@500×500 钢筋网），20 mm 厚 1：1 水泥砂浆结合层，红色块瓦屋面（用双股 18 号铜丝将瓦与 φ6 钢筋绑牢）。目前现场进入斜屋面防水施工阶段，需现场施工员按图纸、质量验收规范要求对屋面防水施工过程进行质量检查。

　　施工员从项目负责人处领取任务单，明确工作时间和要求；根据相关图纸、施工方案、技术规范及施工质量验收标准等，查看施工现场，编制屋面涂膜、卷材防水施工过程质量检查计划，检查设备和材料，准备检查工具；根据检查计划进行质量检查，主要完成屋面涂膜防水材料及胎体材料质量、涂膜施工、涂膜厚度、泛水、天沟、檐口细部做法等的检查，以及防水卷材和配套材料质量、铺贴方向、搭接与收头、泛水、天沟、檐口细部做法等的检查，并如实填写施工质量检查记录，向施工作业班组通报质量检查意见并跟踪不合格项整改，向工程项目部项目负责人汇报施工质量检查结果。

　　工作情境 2：2# 学生宿舍楼为钢筋混凝土框架结构，地上六层，设计每间宿舍均有独立卫生间及盥洗室，卫生间及盥洗室结构层为：钢筋混凝土楼板，15 mm 厚 1：3 水泥砂浆找平层，3 mm 厚聚合物水泥防水涂料，并沿墙做至天棚底，10 mm 厚 1：2 干硬性水泥砂浆结合层，防滑地砖面层。目前现场进入卫生间及盥洗室防水施工阶段，需现场施工员按图纸、质量验收规范要求对有防水要求地面防水施工过程进行质量检查。

　　施工员从项目负责人处领取任务单，明确工作时间和要求；根据相关图纸、施工方案、技术规范及施工质量验收标准等，查看施工现场，编制有防水要求地面涂膜防水施工过程质量检查计划，检查设备和材料，准备检查工具；根据检查计划进行质量检查，主要完成涂膜防水材料及胎体材料质量、涂膜施工、涂膜厚度、反水和地漏细部做法等的检查，并如实填写施工质量检查记录，向施工作业班组通报质量检查意见并跟踪不合格项整改，向工程项目部项目负责人汇报施工质量检查结果。

　　工作情境 3：某综合楼为钢筋混凝土框架结构，地下 1 层，地上 8 层，地下 1 层为停车场及杂物仓库，地下室外剪力墙迎水面防水结构层为：自防水钢筋混凝土墙体表面刮平，刷基层处理剂一道，1.5 mm 厚聚合物防水涂料（Ⅱ型），3 mm 厚复合双面自粘橡胶沥青防水卷材，50 mm 厚挤塑型聚苯乙烯泡沫板，回填土分层夯实。目 | |

		前现场进入地下室外剪力墙防水施工阶段，需现场施工员按图纸、质量验收规范要求对剪力墙防水施工过程进行质量检查。	
4	防水工程质量检查	施工员从项目负责人处领取任务单，明确工作时间和要求；根据相关图纸、施工方案、技术规范及施工质量验收标准等，查看施工现场，编制地下室防水施工过程质量检查计划，检查设备和材料，准备检查工具；根据检查计划进行质量检查，主要完成涂膜防水材料及胎体材料质量、涂膜施工、涂膜厚度、细部做法等的检查，以及防水卷材和配套材料质量、铺贴方向、搭接与收头、泛水、细部做法等的检查，并如实填写施工质量检查记录，向施工作业班组通报质量检查意见并跟踪不合格项整改，向工程项目部项目负责人汇报施工质量检查结果。	

		工作情境：	
5	装饰工程质量检查	某技师学院综合楼工程为钢筋混凝土框架结构，地下1层，地上8层，装饰装修设计做法为：	40

部位	序号	做法	适用范围
楼地面	1	花岗岩地板面层	门厅、公共走道
		做法参见《楼地面建筑构造》（12J304）等图集和标准	
	2	防滑地砖面层	卫生间，楼梯间（无防水层）
		10 mm厚1：2干硬性水泥砂浆结合层	
		聚合物水泥防水涂料3 mm厚，并沿墙做至天棚底	
		15 mm厚1：3水泥砂浆找平层	
		结构板面	
	3	彩色釉面砖面层	除1、2、4外的所有地面
		做法参见《住宅建筑构造》（11J930）等图集和标准	
	4	水磨石地面	地下室
		做法参见《楼地面建筑构造》（12J304）等图集和标准	

续表

部位	序号	做法	适用范围
内墙面	1	面砖墙面（面砖规格、颜色甲方定），粘贴高度为 1.2 m 做法参见《住宅建筑构造》（11J930）等图集和标准	门厅、公共走道、楼梯间
内墙面	2	防霉涂料饰面，批嵌腻子	设备管道井（强电、弱电井等）
内墙面	3	乳胶漆内墙面 做法参见《住宅建筑构造》（11J930）等图集和标准	地上除 1、2、4 外所有内墙面
内墙面	4	面砖墙面（燃烧性能等级为 A 级） 做法参见《住宅建筑构造》（11J930）等图集和标准	卫生间（有防水层）
顶棚	1	乳胶漆顶棚 做法详见《工程做法》（23J909）等图集和标准	除 2 外顶棚
顶棚	2	U 型轻钢龙骨吊顶（穿孔铝板） 做法详见《顶棚》（闽 2004J02）	门厅、公共走道
踢脚线	1	均同其相应的地面做法 做法参见《住宅建筑构造》（11J930）等图集和标准	地上所有房间

外墙面做法：

部位	材质色彩	做法	位置
外墙1	砖红色马赛克	做法参见《住宅建筑构造》（11J930）等图集和标准	详立面所示
外墙2	干挂花岗石	做法参见《住宅建筑构造》（11J930）等图集和标准	详立面所示
外墙3	白色外墙涂料	做法参见《住宅建筑构造》（11J930）等图集和标准	详立面所示
外墙4	铝塑板幕墙	做法参见《铝塑复合板幕墙建筑构造——"加铝"开放式幕墙系统》（07CJ11）等图集和标准	详立面所示

（左侧栏）5　装饰工程质量检查

| 5 | 装饰工程质量检查 | 门窗做法： | | | | |

门窗做法：

类别	编号	规格（mm×mm）	单位	数量
防火门	FM1221a	1 200×2 100	樘	2
平开木门	M0921	1 000×2 100	樘	56
塑钢平开门	BM0920	900×2 000	樘	16
铝合金推拉窗	C1519a	1 500×1 850	樘	182
	C0916	900×1 550	樘	56
铝合金平开窗	HC0916	900×1 550	樘	32

目前现场进入装饰装修施工阶段，需现场施工员按图纸、质量验收规范要求对装饰装修施工过程进行质量检查。

任务一：整体地面

施工员从项目负责人处领取任务单，明确工作时间和要求；根据相关图纸、施工方案、技术规范及施工质量验收标准等，查看施工现场，编制水磨石地面施工过程质量检查计划，检查设备和材料，准备检查工具；根据检查计划进行质量检查，主要对水磨石地面原材料备制、结合层和面层表面、踢脚线、分隔缝等做法进行施工质量检查，并如实填写施工质量检查记录，向施工作业班组通报质量检查意见并跟踪不合格项整改，向工程项目部项目负责人汇报施工质量检查结果。

任务二：块料地面

施工员从项目负责人处领取任务单，明确工作时间和要求；根据相关图纸、施工方案、技术规范及施工质量验收标准等，查看施工现场，编制板块地面施工过程质量检查计划，检查设备和材料，准备检查工具；根据检查计划进行质量检查，主要对大理石和釉面砖地面原材料备制、结合层和面层表面的坡度和平整度、邻接处镶边用料、缝格平直、板块间隙、踢脚线等做法进行施工质量检查，并如实填写施工质量检查记录，向施工作业班组通报质量检查意见并跟踪不合格项整改，向工程项目部项目负责人汇报施工质量检查结果。

任务三：抹灰及外墙防水

施工员从项目负责人处领取任务单，明确工作时间和要求；根据相关图纸、施工方案、技术规范及施工质量验收标准等，查看施工现场，编制抹灰施工过程质量检查计划，检查设备和材料，准备检查工具；根据检查计划进行质量检查，主要对基层处理、操作要求、层黏结及层厚度、表面质量、细部质量、分隔缝、外墙防水、立面

		垂直度、表面平整度、滴水线等做法进行施工质量检查，并如实填写施工质量检查记录，向施工作业班组通报质量检查意见并跟踪不合格项整改，向工程项目部项目负责人汇报施工质量检查结果。	
5	装饰工程质量检查	**任务四：金属门窗** 施工员从项目负责人处领取任务单，明确工作时间和要求；根据相关图纸、施工方案、技术规范及施工质量验收标准等，查看施工现场，编制铝合金门窗施工过程质量检查计划，检查设备和材料，准备检查工具；根据检查计划进行质量检查，主要对门窗质量和规格、框和副框安装、预埋件、门窗扇安装、配件质量及安装、表面质量、密封条、排水孔等做法进行施工质量检查，并如实填写施工质量检查记录，向施工作业班组通报质量检查意见并跟踪不合格项整改，向工程项目部项目负责人汇报施工质量检查结果。 **任务五：木门窗** 施工员从项目负责人处领取任务单，明确工作时间和要求；根据相关图纸、施工方案、技术规范及施工质量验收标准等，查看施工现场，编制木门窗施工过程质量检查计划，检查设备和材料，准备检查工具；根据检查计划进行质量检查，主要对门窗材料质量、榫槽连接、门窗的割角和拼缝、槽孔质量、制作允许偏差，以及木门窗品种、规格、安装方向位置，窗扇及配件安装，缝隙嵌填，安装留缝限值允许偏差等做法进行施工质量检查，并如实填写施工质量检查记录，向施工作业班组通报质量检查意见并跟踪不合格项整改，向工程项目部项目负责人汇报施工质量检查结果。 **任务六：吊顶工程** 施工员从项目负责人处领取任务单，明确工作时间和要求；根据相关图纸、施工方案、技术规范及施工质量验收标准等，查看施工现场，编制吊顶施工过程质量检查计划，检查设备和材料，准备检查工具；根据检查计划进行质量检查，主要对吊杆、龙骨、饰面材料安装，以及标高、尺寸、起拱、造型、填充材料、表面平整度、接缝直线度、接缝高低差等做法进行施工质量检查，并如实填写施工质量检查记录，向施工作业班组通报质量检查意见并跟踪不合格项整改，向工程项目部项目负责人汇报施工质量检查结果。 **任务七：饰面砖** 施工员从项目负责人处领取任务单，明确工作时间和要求；根据相关图纸、施工方案、技术规范及施工质量验收标准等，查看施工现场，编制饰面砖施工过程质量检查计划，检查设备和材料，准备检查工具；根据检查计划进行质量检查，主要对饰面砖原材料备制、	

		结合层、施工工艺、面层表面平整度、阴阳角线条及非整砖、接缝和嵌填、滴水线（槽）等做法进行施工质量检查，并如实填写施工质量检查记录，向施工作业班组通报质量检查意见并跟踪不合格项整改，向工程项目部项目负责人汇报施工质量检查结果。	
5	装饰工程质量检查	任务八：饰面板 施工员从项目负责人处领取任务单，明确工作时间和要求；根据相关图纸、施工方案、技术规范及施工质量验收标准等，查看施工现场，编制饰面板施工过程质量检查计划，检查设备和材料，准备检查工具；根据检查计划进行质量检查，主要对饰面板原材料及配件备制，饰面板孔、槽、位置、尺寸，以及饰面板安装、孔洞套割、垂直度、平整度、接缝和嵌填、收边等做法进行施工质量检查，并如实填写施工质量检查记录，向施工作业班组通报质量检查意见并跟踪不合格项整改，向工程项目部项目负责人汇报施工质量检查结果。 任务九：涂饰工程 施工员从项目负责人处领取任务单，明确工作时间和要求；根据相关图纸、施工方案、技术规范及施工质量验收标准等，查看施工现场，编制涂饰施工过程质量检查计划，检查设备和材料，准备检查工具；根据检查计划进行质量检查，主要对涂料品种、型号、性能、颜色，以及基层处理、涂饰综合质量、不同材料衔接、涂饰质量允许偏差、收边等做法进行施工质量检查，并如实填写施工质量检查记录，向施工作业班组通报质量检查意见并跟踪不合格项整改，向工程项目部项目负责人汇报施工质量检查结果。	
6	建筑节能工程质量检查	工作情境1： 某综合楼工程为钢筋混凝土框架结构，地下1层，地上3层。主体工程一层层高5.8 m，梁最大跨度7.6 m，二层以上层高3.3 m，外围护结构墙体节能材料采用A5.0蒸压加气混凝土砌块、M5.0蒸压加气混凝土砌块专用砂浆砌筑。目前现场已进入外围护结构墙体自保温工程施工阶段，需现场施工员按图纸、质量验收规范要求对现场外墙自保温节能施工过程进行质量检查。 施工员从项目负责人处领取任务单，明确工作时间和要求；根据相关图纸、施工方案、技术规范及施工质量验收标准等，查看施工现场，编制外围护系统节能墙体自保温施工过程质量检查计划，检查设备和材料，准备检查工具；根据检查计划进行质量检查，主要完成节能砌块、专用砂浆材料、墙体基层处理、砌体轴线位移、墙面垂直度、砌体表面平整度、门窗洞口尺寸及偏移、水平缝及竖直	40

6	建筑节能工程质量检查	缝砂浆饱满度、拉结筋位置及埋置长度、砌体搭砌长度、灰缝厚度及宽度等的检查，并如实填写施工质量检查记录，向施工作业班组通报质量检查意见并跟踪不合格项整改，向工程项目部项目负责人汇报施工质量检查结果。 工作情境2： 　　1#宿舍楼工程为钢筋混凝土框架结构，地上6层。外围护墙体节能采用40 mm厚聚苯颗粒保温浆料，φ6@600钢筋双向固定，外设25 mm厚聚合物抗裂砂浆（中间设耐碱玻纤网格布一道）罩面。目前现场已进入外围护结构墙体外保温工程施工阶段，需现场施工员按图纸、质量验收规范要求对现场外墙外保温节能施工过程进行质量检查。 　　施工员从项目负责人处领取任务单，明确工作时间和要求；根据相关图纸、施工方案、技术规范及施工质量验收标准等，查看施工现场，编制外围护系统节能施工过程质量检查计划，检查设备和材料，准备检查工具；根据检查计划进行质量检查，主要完成外墙外保温节能材料、墙体基层处理、各构造层、保温层厚度、保温浆料施工质量、锚固件、细部保温措施做法等的检查，并如实填写施工质量检查记录，向施工作业班组通报质量检查意见并跟踪不合格项整改，向工程项目部项目负责人汇报施工质量检查结果。 工作情境3： 　　某综合楼工程为钢筋混凝土框架结构，地下1层，地上3层。外围护门窗节能材料采用普通铝合金型材，透明热反射镀膜中空玻璃。目前现场已进入外围护结构门窗节能工程施工阶段，需现场施工员按图纸、质量验收规范要求对现场门窗节能施工过程进行质量检查。 　　施工员从项目负责人处领取任务单，明确工作时间和要求；根据相关图纸、施工方案、技术规范及施工质量验收标准等，查看施工现场，编制外围护系统门窗施工过程质量检查计划，检查设备和材料，准备检查工具；根据检查计划进行质量检查，主要完成外窗铝合金型材、热镀膜中空玻璃材料、门窗隔断热桥措施、外窗安装质量、玻璃安装质量、门窗密封条、外窗遮阳措施等的检查，并如实填写施工质量检查记录，向施工作业班组通报质量检查意见并跟踪不合格项整改，向工程项目部项目负责人汇报施工质量检查结果。 工作情境4： 　　某综合楼工程为钢筋混凝土框架结构，地下1层，地上3层。屋面围护结构节能材料采用60 mm厚岩棉板保温层，40 mm厚C20细	

6	建筑节能工程质量检查	石混凝土（内配 φ4@200 双向钢筋网）。目前现场已进入外围护结构屋面节能工程施工阶段，需现场施工员按图纸、质量验收规范要求对现场屋面节能施工过程进行质量检查。 　　施工员从项目负责人处领取任务单，明确工作时间和要求；根据相关图纸、施工方案、技术规范及施工质量验收标准等，查看施工现场，编制外围护系统屋面施工过程质量检查计划，检查设备和材料，准备检查工具；根据检查计划进行质量检查，主要完成保温层材料、基层处理、保温层厚度、保温层敷设方式及缝隙填充、热桥部位处理、保温层坡度、保护层施工等的检查，并如实填写施工质量检查记录，向施工作业班组通报质量检查意见并跟踪不合格项整改，向工程项目部项目负责人汇报施工质量检查结果。

教学实施建议

1. 教学组织方式与建议

建议在真实工作情境或模拟工作情境下运用行动导向的教学方法。为确保教学安全，提高教学效果，建议采取 6～8 人 / 组的分组教学形式；在完成工作任务过程中，教师给予适当的指导，注重学生独立分析和解决问题能力的培养，注重学生职业素养的培养。

2. 教学资源配备建议

（1）教学场地

建议配置建筑技术实训室，实训室须具备良好的照明和通风条件，分为集中教学区、分组实训区、信息检索区、资料存放区、成果展示区，并配备多媒体教学设备、仿真软件、实物、模型等，面积约 200 m²，可容纳 50 人左右。

（2）工具、材料、设备（按组配置）

工量具：钢卷尺、扭力扳手、游标卡尺、靠尺、内外直角检测尺、楔形塞尺、对角检测尺、焊缝检测尺、百格网、检测镜、线锤、卷线器、响鼓槌、钢针小锤、水准尺、棱镜、记号笔、计算器等。

设备：水准仪、经纬仪、全站仪、回弹仪、钢筋保护层测定仪、激光测距仪等。

（3）教学资料

建议教师课前准备任务书，相关图纸，施工组织设计（含专项方案），班组合同，《建筑工程施工质量验收统一标准》（GB 50300—2013）、《建筑地基基础工程施工质量验收标准》（GB 50202—2018）、《砌体结构工程施工质量验收规范》（GB 50203—2011）、《混凝土结构工程施工质量验收规范》（GB 50204—2015）、《屋面工程质量验收规范》（GB 50207—2012）、《地下防水工程质量验收规范》（GB 50208—2011）、《建筑地面工程施工质量验收规范》（GB 50209—2010）、《建筑装饰装修工程质量验收标准》（GB 50210—2018）、《建筑节能工程施工质量验收标准》（GB 50411—2019）等现行标准和规范，施工工艺标准，工程施工质量检查记录表，工程施工质量验收记录表。

教学考核要求

采用过程性考核与终结性考核相结合的方式。

1. 过程性考核

采用自我评价、小组评价和教师评价相结合的方式进行考核，让学生学会自我评价，教师要观察学生的学习过程，结合学生的自我评价、小组评价进行总评并提出改进建议。

（1）课堂考核：考核出勤、学习态度、课堂纪律、小组合作与展示等情况。

（2）作业考核：考核工作页的完成、成果展示、课后练习等情况。

（3）阶段考核：书面测试、实操测试、口述测试。

2. 终结性考核

学生根据任务情境中的要求，制定施工过程质量检查的作业方案，并按照作业规范，在规定时间内完成具体施工成果的质量检查任务，检查完成后按照相应质量验收规范填写验收结论。

考核任务案例：工程竣工预验收条件核查。

【情境描述】

某项目部组织施工的某住宅小区已进入施工收尾阶段，为确保工程竣工预验收顺利通过，在对工程竣工预验收条件进行核查时，发现部分住宅楼装饰装修、屋面工程、门卫室混凝土构件、砌体、围墙等存在质量隐患，并进行了取证。

【任务要求】

1. 请针对现场不合格项情况签发不合格项整改通知书。

2. 根据签发的不合格项整改通知书，请查阅施工手册、质量验收规范等资料，制定一份整改方案。

3. 请针对各不合格项，填写不合格项处置记录。

【参考资料】

完成上述任务时，可以使用所有常见教学资料，如工作页、教材、个人笔记、施工手册、工程施工质量验收规范、安全技术操作规程等。

（五）工程资料记录与整理课程标准

工学一体化课程名称	工程资料记录与整理	基准学时	100
典型工作任务描述			

工程资料是指整个建设项目从酝酿、决策到建成投产的过程中形成的有归档保存价值的文件资料，主要包括开工准备资料、质量控制资料、安全与功能检验资料和竣工资料。工程资料的记录必须及时，能真实地反映工程主要结构技术性能、使用安全和使用功能。工程资料整理时，应按照规范要求进行工程资料的立卷归档工作，确保工程档案的完整性、准确性，确保档案案卷合格率。

施工单位资料员从工程项目部领取施工任务书、施工图纸和施工组织设计，查看现场工作环境，了解工程进程，与工程项目部项目经理、施工员、监理工程师等进行专业沟通；按《建设工程文件归档规范（2019 年版）》（GB/T 50328—2014）要求形成检验批划分、分部分项工程划分报审资料，明确工作范围与要求和工作时限；领取表格、工具并结合工程实际进度进行工程报验，编写施工过程报验资料；根据管理规程要求，检查编制与报验的资料是否符合相关规定要求，资料是否完整，签证手续是否齐全；项目竣工后，协同建设单位组织竣工验收，记录与整理竣工资料，并做好资料移交。

工程资料记录与整理过程中，遵守《建设工程文件归档规范（2019年版）》（GB/T 50328—2014）等现行标准，按照相关要求进行表格记录与整理。

工作内容分析

工作对象：	工具、设备与资料：	工作要求：
1. 任务书、施工图和施工组织设计的领取，并查看现场工作进展； 2. 与相关人员沟通，确定须形成检验批划分、分部分项工程划分报审的资料，确定开工准备资料、质量控制资料、安全与功能检验资料、竣工资料须记录与整理的内容； 3. 与相关人员沟通，领取表格、工具，实施资料编制与报验； 4. 检查编制与报验的资料是否符合相关规定要求、是否完整，签证手续是否齐全； 5. 资料汇总整理、组卷移交。	1. 工具：工程资料表格或工程资料软件、油性笔、签字笔、标签纸； 2. 设备：计算机、打印机等； 3. 资料：任务书、施工图、施工组织设计、《建设工程文件归档规范（2019年版）》（GB/T 50328—2014）、材料合格证明或质量证明文件、检测单位出具的检测报告等。 **工作方法：** 任务教学法、案例教学法、情境模拟法。 **劳动组织方式：** 以独立或小组合作的方式进行。从工程项目部获取工作任务，与工程项目部项目负责人沟通，明确工作计划，完成工程资料文件的填写、编制、审批、收集、归档工作。必要时与工程项目部等相关人员沟通，任务完成后与工程项目部项目负责人沟通验收。	1. 读懂任务书、施工图和施工组织设计，明确工作范围、要求和工作时限，并查看现场，了解工程进展； 2. 根据任务书、施工图、施工组织设计、管理规程等相关资料，确定须形成检验批划分、分部分项工程划分报审的资料，确定开工准备资料、质量控制资料、安全与功能检验资料、竣工资料须记录与整理的内容； 3. 与相关人员沟通，记录须报审和整理的内容。领取表格，从符合工程进度的角度完成资料编制与报验； 4. 根据管理规程要求检查编制与报验的资料是否符合相关规定要求、是否完整，签证手续是否齐全； 5. 将完成竣工验收部位的工程资料进行汇总整理、组卷并移交。

课程目标

学习完本课程后，学生应当能够胜任施工现场工程资料记录与整理工作，能根据施工现场实际情况及管理规程中相关规定明确核查各种文件资料的准备情况及各种手续的完善情况，能严格遵守资料员的职业道德，在教师指导下完成开工准备资料记录与整理、质量控制资料记录与整理、安全与功能检验资料记录与整理、竣工资料记录与整理等工作任务。

1. 能读懂任务书、施工图和施工组织设计，了解现场工程进展，必要时与相关人员进行沟通，明确工程资料记录与整理的内容、要求和工作时限。

2. 能根据任务书、施工图、施工组织设计和资料管理规程等相关资料，确定形成检验批划分报审和分项工程、分部工程、单位工程划分报审的资料，确定工程资料记录与整理的内容。

3. 能按照工程资料管理规程要求，采用施工过程的检验批分部分项工程核查法，在规定时间内按照工程进度完成开工准备资料、质量控制资料、安全与功能检验资料、竣工资料等资料的记录与整理。

4. 能根据工程资料管理规程要求，检查编制与报验的资料是否符合相关规定要求、是否完整，签证手续是否齐全。

5. 能按要求对竣工验收部位的工程资料进行汇总整理、组卷并移交。

学习内容

本课程的主要学习内容包括：

一、获取信息，明确任务

实践知识：任务单的阅读分析，施工任务书、施工图纸和施工组织设计的识读，建设工程项目资料整理和收集的相关规范阅读，建设工程项目资料整理与收集内容信息的获取。

理论知识：建设工程项目资料整理和收集的概念，施工任务书、施工图纸和施工组织设计的基本内容，《建设工程文件归档规范（2019 年版）》（GB/T 50328—2014）的基本内容。

二、学习任务计划的制订和准备

实践知识：建设工程前期资料的阅读分析；项目决策立项阶段，建设用地、征地、拆迁，勘查、测绘、设计阶段，招投标阶段，开工审批阶段的资料编制；建筑工程验收资料、工程管理与技术资料、地基与基础工程资料、主体结构工程资料、屋面工程资料、建筑装饰装修工程资料、建设工程文件的归档管理；不同资料类型的编写、记录和分类方法的获取；建设工程文件组卷和归档情况的获取。

理论知识：建设工程前期资料的具体内容，建筑施工单位资料的具体内容，建筑监理单位资料的具体内容，建筑工程质量、安全资料的具体内容，建筑工程验收资料、归档整理的具体内容。

三、实施建设工程资料记录与管理计划

实践知识：建筑工程施工资料技术管理资料、控制资料的分类、整理，常见表格的填写，建筑工程质量验收资料的分类，检验批划分报审和分项工程、分部工程、单位工程划分报审资料的确定，现场安全资料的分类与组卷，施工现场安全管理相关资料的填写。

理论知识：施工技术资料、工程质量控制资料、施工质量验收记录、施工现场安全资料管理职责、施工现场安全资料分类与组卷、施工现场安全管理资料编制与常用表格的基本内容。

四、建筑工程竣工验收及备案

实践知识：竣工验收部位工程资料的汇总整理、组卷并移交，工程资料的备案。

理论知识：工程竣工验收的基本内容（包括工程竣工测量、工程竣工报告、单位或子单位工程质量竣工验收记录、工程质量保修书、竣工图资料），工程备案的基本内容。

五、建筑工程资料归档及整理

实践知识：各个阶段建筑工程资料的收集，建筑工程资料的立卷归档。

理论知识：建筑工程资料收集、归档的基本内容。

六、通用能力、职业素养、思政素养

自主学习、自我管理、信息检索、理解与表达、交往与合作、创新思维、解决问题等通用能力，安全意识、质量意识、规范意识、效率意识、成本意识、环保意识、市场意识、服务意识等职业素养，以及劳模精神、劳动精神、工匠精神等思政素养。

参考性学习任务

序号	名称	学习任务描述	参考学时
1	开工准备资料记录与整理	某建筑工地尚未开工建设，施工单位资料员按照《建设工程文件归档规范（2019年版）》（GB/T 50328—2014）要求进行开工准备资料的准备，包括施工组织设计和单位工程施工组织设计、分部分项工程施工方案、危险性较大分部分项工程专项方案、技术交底、控制网设置资料、图纸会审资料。 　　资料员从工程项目部领取任务书和施工图，查看施工现场，明确工作时间和要求，确定形成检验批划分、分部分项工程划分报审的资料，确定工程资料记录的内容；与相关人员沟通并领取表格，检查设备和材料，根据相关规程要求，实施资料编制与报验；检查编制与报验的资料是否符合设计及相关规定要求，资料是否完整，签证手续是否齐全；资料汇总整理并组卷。	25
2	质量控制资料记录与整理	某建筑工程主体结构施工阶段，负责项目管理的技术人员已完成施工前技术安全交底，施工单位资料员按照《建设工程文件归档规范（2019年版）》（GB/T 50328—2014）要求进行质量控制资料的记录与整理，包括施工技术管理资料、原材料及构配件质量证明文件和进场复验报告、施工试验报告及见证检测报告、施工记录、施工测量记录、隐蔽工程验收记录、新材料和新工艺施工及验收记录、工程质量缺陷处理记录、分部分项检验批工程质量验收记录。 　　资料员从工程项目部领取任务书和施工图，查看施工现场，明确工作时间和要求，确定须形成检验批划分、分项工程划分报审的资料，确定工程资料记录的内容；与相关人员沟通并领取表格，检查设备和材料，根据相关规程要求，实施资料编制与报验；检查编制与报验的资料是否符合设计及相关规定要求，资料是否完整，签证手续是否齐全；资料汇总整理并组卷。	25
3	安全与功能检验资料记录与整理	某建筑工程主体结构施工阶段，安全管理人员完成安全与功能检验后，施工单位资料员按照《建设工程文件归档规范（2019年版）》（GB/T 50328—2014）要求进行安全与功能检验资料的记录与整理，包括屋面淋水（蓄水）试验记录、地下室防水效果检查记录、有防水要求的地面蓄水试验记录、有防水要求的外墙面泼水检验记录、建筑物沉降观测测量记录，以及建筑物垂直度、标高、全高测量记录。 　　资料员从工程项目部领取任务书和施工图，查看施工现场，明确工作时间和要求，确定须形成检验批划分、分部分项工程划分报审	25

3	安全与功能检验资料记录与整理	的资料，确定工程资料记录的内容；与相关人员沟通并领取表格，检查设备和材料，根据相关规程要求，实施资料编制与报验；检查编制与报验的资料是否符合设计及相关规定要求，资料是否完整，签证手续是否齐全；资料汇总整理并组卷。	
4	竣工资料记录与整理	某建筑工地竣工验收后，资料员按照《建设工程文件归档规范（2019 年版）》（GB/T 50328—2014）要求进行质量控制资料的记录与整理，包括工程竣工测量记录、工程竣工报告、单位（子单位）工程质量竣工验收记录、工程质量保修书、竣工图。 资料员从工程项目部领取任务书和施工图，查看施工现场，明确工作时间和要求，确定须形成检验批划分、分部分项工程划分报审的资料，确定工程资料记录的内容；与相关人员沟通并领取表格，检查设备和材料，根据相关规程要求，实施资料编制与报验；检查编制与报验的资料是否符合设计及相关规定要求，资料是否完整，签证手续是否齐全；资料汇总整理并组卷；协同建设单位组织竣工验收及竣工资料记录与整理，并做好资料移交。	25

教学实施建议

1. 教学组织方式与建议

建议在真实工作情境或模拟工作情境下运用行动导向教学理念实施教学，采取 5 人 / 组的分组教学形式，学习和工作过程中注重学生职业素养的培养。

2. 教学资源配备建议

（1）教学场地

建议配置工程资料实训室，实训室须具备良好的照明和通风条件，分为集中教学区、分组实训区、信息检索区、资料存放区、成果展示区，并配备多媒体教学设备、工程资料软件等。

（2）工具与材料

建议按小组配备施工图纸、施工组织设计、报验报审资料、油性笔、签字笔等。

（3）教学资料

建议教师课前准备任务书（含配置单）、图纸、施工组织设计、工作页、《建设工程文件归档规范（2019 年版）》（GB/T 50328—2014）和相关表格、材料合格证明或质量证明文件、检测单位出具的检测报告等。

教学考核要求

采用过程性考核和终结性考核相结合的方式。

1. 过程性考核

采用自我评价、小组评价和教师评价相结合的方式进行考核；让学生学会自我评价，教师要善于观察学生的学习过程，参照学生的自我评价、小组评价进行总评并提出改进建议。

（1）课堂考核：考核出勤、学习态度、课堂纪律，小组合作与展示等情况。

（2）作业考核：考核工作页的完成、课后练习等情况。

（3）阶段考核：书面测试、实操测试、口述测试。

2. 终结性考核

学生根据任务情境中的要求，制订工程资料记录与整理方案，并按照作业规范，在规定时间内完成具体资料的记录与整理任务。

考核任务案例：某多层住宅混凝土结构子分部工程质量验收资料记录与整理。

【情境描述】

某住宅小区多层住宅楼工程建筑面积为 10 000 m^2，地上 9 层，地下 1 层为车库、变配电室和管道层。现工程进行阶段为混凝土质量验收阶段。

【任务要求】

请根据任务的情境描述，在半天内完成：

1. 列出应向业主单位、设计单位、监理单位和工程项目部等相关单位询问的信息。

2. 根据任务书、施工图、施工组织设计、管理规程等相关资料，确定须形成检验批划分、分部分项工程划分报审的资料。

3. 确定质量控制资料应记录与整理的内容。

4. 根据管理规程要求，检查编制与报验的资料是否符合相关规定要求。

5. 根据管理规程要求，检查编制与报验的资料是否完整，签证手续是否齐全。

【参考资料】

完成上述任务时，可以使用所有的常见教学资料，如任务书（含配置单）、《建设工程文件归档规范（2019 年版）》（GB/T 50328—2014）和相关表格、个人笔记等。

（六）工程量计算课程标准

工学一体化课程名称	工程量计算	基准学时	120

典型工作任务描述

工程量是建筑工程各分项工程或结构构件的工程数量。工程量计算主要包括土方工程量计算、混凝土工程量计算、砌筑工程量计算、模板工程量计算、装饰工程量计算等。工程量计算可为工程项目部统计劳动力、材料和机械台班提供依据。

施工人员从工程项目部领取任务书、施工组织设计、施工图纸、分包合同，查看施工现场；与施工班组和工程项目部相关人员进行沟通，确定工程量计算范围；根据施工组织设计、施工图纸、现场施工进度、工程量计算规范等进行工程量计算；完成后进行复核，整理工程量计算书和工程量汇总表，交付工程项目部。

工程量计算过程中，应遵守《房屋建筑与装饰工程工程量计算规范》（GB 50854—2013）等规范和标准，按照施工组织设计、施工图纸等资料进行工程量计算。

工作内容分析

工作对象：

1. 领取任务书，获取工作内容与要求，与工程项目部相关人员进行沟通；

2. 收集资料，识读施工图纸，工程量清单列项，熟悉工程量清单和定额计算规则；

3. 领取工程量计算书、现行地方定额、施工组织设计、计算工具，实施工程量计算；

4. 检查工程量计算过程，复核工程量计算成果；

5. 提交工程量计算书，评价总结。

工具、设备与资料：

1. 工具：计算器、铅笔、签字笔、油性笔、仿真软件、绘图软件（AutoCAD 等）、模型等；

2. 设备：制图桌椅、多媒体投影设备、展示台；

3. 资料：任务书、某学校综合楼施工图纸、建设工程工程量计算书、汇总表、施工组织设计、工作页、教材、《房屋建筑与装饰工程工程量计算规范》（GB 50854—2013）。

工作方法：

规范顺序法、统筹法、信息检索法、经验数据法、角色互换法、全面审核法、小组成员互检法。

劳动组织方式：

以小组合作的方式进行。从工程项目部获取工作任务，与工程项目部项目负责人沟通明确工作计划，组建建筑工程量计算小组，协作完成工程量计算任务，必要时与工程项目部相关人员沟通，结合施工组织设计探讨工程量计算要点，任务完成后与工程项目部项目负责人沟通验收，上交成果。

工作要求：

1. 根据任务书，明确工作内容和要求，与工程项目部相关人员沟通，了解分项工程量计算规则和计算内容；

2. 根据任务书、施工图纸和施工组织设计、工程量计算书，收集相关资料，确定工程量计算内容，绘制工程量计算流程图；

3. 工具、材料和设备符合任务书的要求，计算过程中遵守《房屋建筑与装饰工程工程量计算规范》（GB 50854—2013），按照施工组织设计、施工图纸等资料进行工程量计算；

4. 小组成员对工程量计算成果（分部分项工程量清单）进行复核；

5. 对已完成的工程量清单工作进行记录、评价、反馈和存档。

课程目标

学习完本课程后，学生应当能够胜任施工现场工程量计算工作，明确工程量计算内容、流程和规范，能严格遵守施工管理人员、造价人员的职业道德，在教师指导下完成土方工程量计算、混凝土工程量计算、砌筑工程量计算、模板工程量计算、装饰工程量计算等工作任务。

1. 能根据施工图纸和施工组织设计，必要时与相关人员进行沟通，明确工程量计算的内容和要求。

2. 能查阅相关工程量计算规范，正确列出工程量清单编号、项目名称、计量单位和项目特征。

3. 能按照工程量计算规范，编制土方工程、混凝土工程、砌筑工程、模板工程、装饰工程等分部分项工程的工程量计算书。

4. 能编制工程量汇总表和工程量编制说明。

5. 能按要求检查和整理工程量计算书和工程量汇总表等资料并归档。

学习内容

本课程的主要学习内容包括：

一、获取信息，明确任务

实践知识：思维导图法、PDCA循环法的运用，施工图的识读，施工方案的阅读，工程量计算任务书的获取及阅读分析，工程量计算信息和计算规则的获取，建筑工程施工图纸和施工说明的识读。

理论知识：建设工程制图标准的内容，分部分项工程量计算的流程，施工组织设计的内容，分部分项工程量计算的依据和意义。

二、学习任务计划的制订和准备

实践知识：思维导图法的运用，分部分项工程量计算方法的制定，工程量计算资料的准备，土石方、混凝土、砌筑、模板等分项工程施工流程的确定，任务书的填写，《房屋建筑与装饰工程工程量计算规范》（GB 50854—2013）、《房屋建筑制图统一标准》（GB 50001—2017）、《建筑制图标准》（GB/T 50104—2010）、《混凝土结构施工图平面整体表示方法制图规则和构造详图》（22G101）等现行标准和图集的应用。

理论知识：工程量计算的依据和方法，施工图纸分项工程施工做法，各分项工程施工方案，工程量计算要点和原理。

三、学习任务的实施

实践知识：用施工顺序计算法、定额项目顺序计算法、图纸顺序计算法、图纸编号顺序计算法、图纸定位轴线编号计算法编写工程量计算书，数据的读取和整理，分项工程量的计算，《房屋建筑与装饰工程工程量计算规范》（GB 50854—2013）、《房屋建筑制图统一标准》（GB 50001—2017）、《建筑制图标准》（GB/T 50104—2010）、《混凝土结构施工图平面整体表示方法制图规则和构造详图》（22G101）等现行标准和图集的应用。

理论知识：分项工程的施工工艺和工程量的计算规则，分项工程的施工流程、规范及工艺，土石方工程、砌筑工程、混凝土工程、模板工程等分项工程的工程量计算规则，造价从业人员职业技能评价规范，工程量计算中的常见问题及解决方法。

四、学习任务计算结果复核

实践知识：大数覆算、指标检查、全面审核、分组审核的操作，计算数据的来源检查，分项工程量计算结果的自检和互检，数据的整理，分数的统计，工具及材料的整理，现场的清理，《房屋建筑与装饰工程工程量计算规范》（GB 50854—2013）中各分项工程量计算规则的应用。

理论知识：大数覆算、指标检查、全面审核、分组审核的执行要点，工程量计算的技巧，现行建设工程地方定额的计算规范要求。

五、计算书的交付与验收

实践知识：土石方、混凝土、砌体、模板、装饰工程清单工程量的计算，土石方、混凝土、砌体、模板、装饰工程清单工程量计算书的填写，土石方、混凝土、砌体、模板、装饰工程清单工程量清单的交付与归档。

理论知识：分项工程工程量的计算流程及规范，工程量清单的交付要求及标准规范。

六、通用能力、职业素养、思政素养

自主学习、自我管理、信息检索、理解与表达、交往与合作、创新思维、解决问题等通用能力，安全意识、质量意识、规范意识、效率意识、成本意识、环保意识、市场意识、服务意识等职业素养，以及劳模精神、劳动精神、工匠精神等思政素养。

参考性学习任务

序号	名称	学习任务描述	参考学时
1	土方工程量计算	某学校综合楼项目土方工程已经施工完毕，该土方工程包括挖基坑土方、挖沟槽土方和土方回填等。现要求施工人员确认土方工程量，项目经理要求施工人员先计算土方工程量，然后交付预算员套价，并与土方施工班组核对工程量。 施工员从项目经理处领取任务单，明确工作内容和要求，根据相关图纸，查看施工现场，根据土方工程量计算规范计算土方工程量，编制基坑土方、沟槽土方和土方回填等工程量计算书，填写土方工程工程量汇总表，检查无误后交付项目部。	24
2	混凝土工程量计算	某学校综合楼项目采用泵送商品混凝土，该工程即将进行混凝土工程施工，该混凝土工程包括基础混凝土、矩形柱混凝土、基础梁混凝土、矩形梁混凝土、有梁板混凝土和楼梯等，项目经理要求施工人员按施工顺序分别计算上述工程混凝土工程量，将该工程量作为商品混凝土采购的依据。 施工员从项目经理处领取任务单，明确工作内容和要求，根据相关图纸，查看施工现场，根据混凝土工程量计算规范按施工顺序和施工段分别计算基础混凝土、矩形柱混凝土、基础梁混凝土、矩形梁混凝土和有梁板混凝土的工程量，检查无误后交付工程项目部。	24
3	砌筑工程量计算	某学校综合楼项目砌筑工程已经施工完毕，该砌筑工程包括砖基础和砖墙等。现要求施工人员确认砌筑工程量，项目经理要求施工人员先计算砌筑工程量后交付预算员套价，并与砌筑施工班组核对工程量。 施工员从项目经理处领取任务单，明确工作内容和要求，根据相关图纸，查看施工现场，根据砌筑工程量计算规范计算砌筑工程量，编制砖基础和砖墙等工程量计算书，填写砌筑工程工程量汇总表，检查无误后交付项目部。	24
4	模板工程量计算	某学校综合楼项目模板工程已经施工完毕，该模板工程包括基础模板、矩形柱模板、基础梁模板、矩形梁模板、有梁板模板、楼梯模板等。现要求施工人员确认土方工程量，项目经理要求施工人员先计算模板工程量后交付预算员套价，并与模板施工班组核对工程量。	24

4	模板工程量计算	施工员从项目经理处领取任务单，明确工作内容和要求，根据相关图纸，查看施工现场，根据模板工程量计算规范计算模板工程量，编制基础模板、矩形柱模板、基础梁模板、矩形梁模板、有梁板模板、楼梯模板等工程量计算书，填写模板工程工程量汇总表，检查无误后交付项目部。	
5	装饰工程量计算	某学校综合楼项目装饰工程已经施工完毕，该装饰工程包括楼地面工程、墙柱面工程、天棚工程和门窗工程等。现要求施工人员确认装饰工程量，项目经理要求施工人员先计算装饰工程量后交付预算员套价，并与装饰施工班组核对工程量。 施工员从项目经理处领取任务单，明确工作内容和要求，根据相关图纸，查看施工现场，根据装饰工程量计算规范计算装饰工程量，编制楼地面工程、墙柱面工程、天棚工程和门窗工程等工程量计算书，填写装饰工程工程量汇总表，检查无误后交付项目部。	24

教学实施建议

1. 教学组织方式与建议

建议在真实工作情境或模拟工作情境下运用行动导向教学理念实施教学，采取教师主导、学生主体的教学形式，在学习和工作过程中注重学生职业素养的培养。

2. 教学资源配备建议

（1）教学场地

建议配置工程造价实训室，并配备制图桌椅、多媒体投影设备、展示台、仿真软件、绘图软件（AutoCAD 等）、模型等。

（2）工具与材料

建议配备科学计算器。

（3）教学资料

建议配备任务书、某学校综合楼施工图纸、建设工程工程量计算书、汇总表、施工组织设计、工作页、教材、《房屋建筑与装饰工程工程量计算规范》（GB 50854—2013）。

教学考核要求

采用过程性考核和终结性考核相结合的方式。

1. 过程性考核

采用自我评价、小组评价和教师评价相结合的方式进行考核；让学生学会自我评价，教师要善于观察学生的学习过程，参照学生的自我评价、小组评价进行总评并提出改进建议。

（1）课堂考核：考核出勤、学习态度、课堂纪律，小组合作与展示等情况。

（2）作业考核：考核工作页的完成、课后练习等情况。

（3）阶段考核：实操测试。

2. 终结性考核

【情境描述】

考核任务案例：某学校综合楼项目工程量计算。

【情境描述】

某学校综合楼项目工程量计算，现要求在规定时间内完成分项工程量计算。

【任务要求】

根据任务的情境描述，在1天内完成：

1. 根据任务的情境描述和综合楼施工图纸，列出与施工技术负责人沟通的要点。

2. 查阅施工方案、施工图纸等资料，写出工程量计算流程。

3. 按照工程量计算流程，依据图纸、施工方案计算分项工程量，进行自检、互检，同时填写工程量计算书。

4. 总结本次工作中遇到的问题，思考其解决方法。

【参考资料】

完成上述任务时，可以使用所有的常见教学资料，如工作页、相关教材、技术手册、工具书、建筑施工图、图集、技术标准、质量规范等。

（七）砖砌体砌筑课程标准

工学一体化课程名称	砖砌体砌筑	基准学时	100

典型工作任务描述

砖砌体砌筑是指通过一定的组砌方式对砖块进行翻样、下料、切割、打磨后砌成建筑物或构筑物的施工作业。在建筑施工项目中，需要根据不同的砖砌筑材料进行砖砌体砌筑作业，以达到建筑施工项目要求。砖砌体砌筑主要包括砖基础砌筑、砖墙砌筑、砖柱砌筑、艺术墙砌筑等工作任务。

砌筑工从工程项目部接受砖砌体砌筑任务，阅读任务书，查阅砌筑施工手册和施工图纸，明确作业要求；按照施工负责人的技术交底及与其他工种交接记录，通过独立或合作方式制订相应的砖砌体砌筑工艺方案；查看施工现场砖块、砂浆及砌筑工量具是否满足技术、安全规范要求，修订砌筑工艺方案，按照施工图和砌筑工艺方案进行砖砌体砌筑施工；完成后根据作业规范对砖砌体进行自检、互检，对下一道工序进行交接检查并做好记录，向工程项目部反馈并存档。

实施砌筑施工过程中，应严格遵守《砌体结构工程施工规范》（GB 50924—2014）、《砌体结构工程施工质量验收规范》（GB 50203—2011）、《世界技能职业标准》（WSOS）等相关标准及企业安全规范，并按"7S"现场管理制度要求管理施工现场。

工作内容分析		
工作对象：	**工具、材料、设备与资料：**	**工作要求：**
1. 任务书和施工图阅读分析；	1. 工具：砖刀、卷尺、水平尺、铝合金杆、钢尺、水平直角尺；	1. 读懂任务书，明确砌筑施工作业内容和要求；

2. 与项目部经理、施工技术负责人、材料设备管理员等相关人员沟通； 3. 查阅砌筑施工手册、施工图纸、施工规范，明确施工内容、流程与规范； 4. 制定施工实施方案； 5. 工量具、材料、设备的准备； 6. 实施砖块翻样、下料、切割、打磨等砖砌体砌筑施工； 7. 进行自检、互检，填写施工记录，整理施工现场； 8. 交付相关技术文档给项目经理。	2. 材料：砂、水泥、熟石灰、混凝土外加剂、标准砖、混凝土砌块等； 3. 设备：大型带水切割机、小型切割机、皮数杆、砂浆台； 4. 资料：任务书、相关图纸、施工方案、《砌体结构工程施工规范》（GB 50924—2014）、《砌体结构工程施工质量验收规范》（GB 50203—2011）、《世界技能职业标准》（WSOS）等的相关标准和规范、施工记录表。 **工作方法：** 资料查询方法、工量具使用方法、砖块操作方法、产品自检与互检方法。 **劳动组织方式：** 以独立或小组合作的方式进行。从工程项目部领取施工图和任务书，从仓库管理员处领取材料和工量具，必要时与项目经理和施工技术人员沟通，完成砖砌筑任务，自检、互检合格后交付下一道工序，向工程项目部反馈检查记录并存档。	2. 与项目部经理等相关人员进行专业沟通，记录关键内容； 3. 阅读砌筑施工工艺文件和规范，制定合理的工作流程； 4. 合理选用砖块材料，正确使用工量具； 5. 砖块翻样、下料、切割、打磨至符合砖砌体砌筑工艺方案； 6. 自检、互检至符合砖砌体砌筑施工作业的质量验收规范； 7. 作业过程严格执行企业安全与环保管理制度以及"7S"现场管理制度规定； 8. 对已完成的工作进行记录、评价、反馈和存档。

课程目标

学习完本课程后，学生应当能够胜任砌筑工相关工作，明确砌筑工操作的流程和规范，能严格遵守砌筑工的职业道德，在教师指导下完成砖基础砌筑、砖墙砌筑、砖柱砌筑、艺术墙砌筑等工作任务。

1. 能读懂工作任务单，明确砖砌体砌筑工作内容及要求。

2. 能与施工负责人和仓库管理员等相关人员进行专业沟通，确定砖砌体砌筑工艺方案，并能进行施工作业前的准备工作。

3. 能正确使用砌筑施工所用的砖和砂浆、工量具以及设备。

4. 能按砖砌体砌筑的工艺文件，在施工负责人指导下，安全、规范地完成砖砌体砌筑任务，并填写施工记录单。

5. 能根据砖砌体砌筑的施工图、工艺文件要求，按《砌体结构工程施工质量验收规范》（GB 50203—2011）及《世界技能职业标准》（WSOS）进行质量检验，在记录单上填写自检结果、改进建议等信息并签字确认后交付班组长检验。

6. 能展示砖砌体砌筑的技术要点，总结工作经验，分析不足，提出改进措施。

7. 能填写并整理施工技术文件。

学习内容

本课程的主要学习内容包括：

一、获取信息，明确任务

实践知识：3W2H 沟通法、STAR 表达法的运用，任务单的阅读分析，施工信息和技术要求的获取，砖砌体砌筑工程施工图纸和施工说明的识读等。

理论知识：砖砌体砌筑工程任务单的施工图内容，砖砌体砌筑工程施工的技术流程，施工说明的主要内容，各项经济技术指标的概念。

二、学习任务计划的制订和准备

实践知识：施工现场管理法、数据分析法、经验判断法、施工顺序检查法的运用，砖砌体砌筑工程施工方案的制定，施工工具清单的罗列，材料的检查，领用单的填写，防护用品的选用，砖块、砂浆、石材、砌块等施工相关材料的认识，手工工具（瓦刀、大铲、刨锛、摊灰尺、溜子、灰板、抿子、筛子、砖夹、砖笼、灰槽）、测量工具（钢卷尺、托线板、线锤、塞尺、水平尺、准线、百格网、方尺、龙门板、皮数杆）、机械设备（砂浆搅拌机、井架、龙门架、卷扬机、附壁式升降机、塔式起重机、脚手架）的使用，机具的维护及保养，施工现场环境的布局，《砌体结构工程施工规范》（GB 50924—2014）、《砌体结构工程施工质量验收规范》（GB 50203—2011）、《世界技能职业标准》（WSOS）等的相关标准的应用。

理论知识：砖基础砌筑、砖墙砌筑、砖柱砌筑、艺术墙砌筑的施工流程与技术要点，砖砌体砌筑工程施工机具的使用说明，砖砌体砌筑工程施工材料的使用规格及标准，砖砌体砌筑工程施工的安全防护措施，砖砌体砌筑工程的施工准备与资源配置原则。

三、学习任务的施工

实践知识：砌砖、砍砖、瓦刀抹灰的操作，"三一"砌筑法、"二三八一"砌筑法的操作，砖基础、砖墙、砖柱、艺术墙等墙体的砌筑，《砌体结构工程施工规范》（GB 50924—2014）、《砌体结构工程施工质量验收规范》（GB 50203—2011）、《世界技能职业标准》（WSOS）等的相关标准及企业安全规范的应用。

理论知识：砖砌体砌筑工程施工材料的产品性能、特点和施工工艺，砖砌体砌筑施工流程、规范及工艺，砖基础砌筑、砖墙砌筑、砖柱砌筑、艺术墙砌筑的技术标准和质量验收标准，砖砌体砌筑（瓦工）从业人员职业技能评价规范，砖砌体砌筑中常见问题及解决对策。

四、学习任务质量检测

实践知识：尺寸的检测，数据的登记、分数的统计，工具及材料的整理、现场清理等，《砌体结构工程施工质量验收规范》（GB 50203—2011）中砖基础砌筑、砖墙砌筑、砖柱砌筑、艺术墙砌筑等的应用。

理论知识：复尺法的基本知识，砖基础砌筑、砖墙砌筑、砖柱砌筑、艺术墙砌筑质量及尺寸验收的允许偏差和验收规范，砌筑工职业技能规范及要求。

五、学习任务的交付与验收

实践知识：经验归纳法、KISS 复盘法、重点检查法的使用，砖基础砌筑、砖墙砌筑、砖柱砌筑、艺术墙砌筑的交付与验收，砖基础砌筑、砖墙砌筑、砖柱砌筑、艺术墙砌筑验收单和记录单的填写，砖基础砌筑、砖墙砌筑、砖柱砌筑、艺术墙砌筑资料的填写与归档。

理论知识：砖砌体砌筑的验收流程及规范，砖砌体砌筑的交付作业要求及规范。

六、通用能力、职业素养、思政素养

自主学习、自我管理、信息检索、理解与表达、交往与合作、创新思维、解决问题等通用能力，安全意识、质量意识、规范意识、效率意识、成本意识、环保意识、市场意识、服务意识等职业素养，以及劳模精神、劳动精神、工匠精神等思政素养。

参考性学习任务

序号	名称	学习任务描述	参考学时
1	砖基础砌筑	某样板房项目将进行基础施工，现需要砌筑工根据样板房独立基础图，砌筑独立基础。 　　砌筑工从工程项目部领取基础结构施工图和任务书，通过阅读任务书，查看施工现场，了解施工地面条件，明确任务要求；查阅砌筑工艺文件，根据施工图纸，确定组砌方式及精度要求，制定独立基础施工方案；领取所需砌筑材料、工量具及切割机或其他设备，在规定的工期内进行下料、放样、切割、拌制砂浆、排砖摆底、收退、基础墙组砌，并对基础墙进行自检和互检，砌筑精度超出 1 mm 的须修正，再实施抹防潮层、勾缝作业，完成砖基础砌筑后形成记录，向工程项目部反馈并存档，最后将所有技术文档上交项目经理。	25
2	砖墙砌筑	某样板房项目将进行墙体施工，现需要砌筑工根据样板房砖墙施工图，砌筑砖墙。 　　砌筑工从工程项目部领取砖墙施工图和任务书，通过阅读任务书，查看施工现场，了解施工地面条件，明确任务要求；查阅砌筑工艺文件，根据砖墙施工图纸确定墙体形式，如高度、宽度、组砌形式、是否需要构造柱及精度要求等，制订砖墙施工方案；领取所需砌筑材料、工量具及切割机或其他设备，在规定的工期内进行下料、放样、切割、拌制砂浆、排砖摆底、砌筑墙身，并进行自检和互检，砌筑精度超出 1 mm 的须修正；再实施砌筑窗台和拱及过梁、构造柱边、梁底和板底砖、楼层砌筑、封山和拔檐、勾缝作业，完成砖墙砌筑作业后形成记录，向工程项目部反馈并存档，最后将所有技术文档上交项目经理。	25
3	砖柱砌筑	某样板房项目将进行柱施工，现需要砌筑工根据样板房柱施工图，砌筑砖柱。 　　砌筑工从工程项目部领取砖墙施工图和任务书，通过阅读任务书，查看施工现场，了解施工地面条件，明确任务要求；查阅砌筑工艺文件，根据砖柱施工图纸，确定砖柱形式，如高度、宽度、组砌形式、是否需要马牙槎及精度要求等，制订砖柱施工方案；领取所需	25

3	砖柱砌筑	砌筑材料、工量具及切割机或其他设备，在规定的工期内进行下料、放样、切割、拌制砂浆、弹线、排砖摆底、砌筑柱身，并进行自检和互检，砌筑精度超出 1 mm 的须修正；再实施勾缝作业，完成砖柱砌筑作业后形成记录，向工程项目部反馈并存档，最后将所有技术文档上交项目经理。	
4	艺术墙砌筑	某样板房项目包含电视背景艺术墙，现需要砌筑工砌筑艺术墙。 砌筑工从工程项目部领取电视背景艺术墙施工图和任务书，通过阅读任务书，查看施工现场，了解施工地面条件，明确任务要求；查阅砌筑工艺文件，根据施工流程、内容和规范，确定艺术墙形式，如高度、宽度、组砌形式、艺术图案、是否需要假缝及精度要求等，制订艺术墙施工方案；领取所需砌筑材料、工量具及切割机或其他设备，在规定的工期内进行下料、放样、切割、砂浆搅拌、砖块组砌，并进行自检和互检，砌筑精度超出 1 mm 的须修正；再实施勾缝处理，完成砖柱砌筑作业后形成记录，向工程项目部反馈并存档，最后将所有技术文档上交项目经理。	25

教学实施建议

1. 教学组织方式与建议

采用行动导向的教学方法，为确保教学安全、提高教学效果，建议学生分组或单独进行实际操作。在完成工作任务的过程中，教师须加强示范与指导，注重学生职业素养和规范操作意识的培养。

2. 教学资源配备建议

（1）教学场地

砖砌体砌筑学习工作站须具备良好的安全、照明和通风条件，分为集中教学区、砌筑作业区、材料存放区、资料查询区、成果展示区，并配备相应的多媒体教学设备等。

（2）工具与材料

工具：瓦刀、大铲、刨锛、摊灰尺、溜子、灰板、抿子、筛子、砖夹、砖笼、灰槽、钢卷尺、托线板、线锤、塞尺、水平尺、准线、百格网、方尺、龙门板、皮数杆等。

材料：砖块、砂浆、石材、砌块等。

设备：砂浆搅拌机、井架、龙门架、卷扬机、附壁式升降机、塔式起重机、脚手架等。

（3）教学资料

以工作页为主，配备任务书（含配置单）、相关教材、数字化教学资源、样板房砖基础施工图、墙施工图、柱施工图、艺术墙施工图、砌筑工艺文件、工作记录单、作业交验单，以及《砌体结构工程施工规范》（GB 50924—2014）、《砌体结构工程施工质量验收规范》（GB 50203—2011）、《世界技能职业标准》（WSOS）等标准规范。

教学考核要求

采用过程性考核和终结性考核相结合的方式。

1. 过程性考核

采用自我评价、小组评价和教师评价相结合的方式进行考核；让学生学会自我评价，教师要善于观察学生的学习过程，结合学生的自我评价、小组评价进行总评并提出改进建议。

（1）课堂考核：考核出勤、学习态度、课堂纪律、小组合作与展示等情况。

（2）作业考核：考核工作页的完成、课后练习等情况。

（3）阶段考核：书面测试、实操测试、口述测试。

2. 终结性考核

学生根据任务情境中的要求，按照《砌体结构工程施工规范》（GB 50924—2014）、《砌体结构工程施工质量验收规范》（GB 50203—2011）、《世界技能职业标准》（WSOS）要求，在规定时间内完成砖砌体砌筑任务，达到国家标准规定的质量标准；教师按任务要求进行考核，并提前准备好考核所需的工具、材料、设备和资料等。

考核任务案例：样板房砖独立基础的砌筑。

【情境描述】

某房地产公司需要建一间样板房，基础结构类型为砖独立基础，现要求在规定时间内完成砖独立基础的砌筑。

【任务要求】

根据任务的情境描述，在 1 天内完成：

1. 根据砖独立基础施工图，列出与施工技术负责人沟通的要点。

2. 查阅砖独立基础砌筑工艺文件等资料，写出砖独立基础砌筑作业流程。

3. 按照作业流程，在指定地点进行砖独立基础砌筑作业，进行自检、互检，同时填写作业记录单。

4. 总结本次工作中遇到的问题，思考其解决方法。

【参考资料】

完成上述任务时，可以使用所有的常见教学资料，如工作页、相关教材、技术手册、工具书、建筑施工图、图集、技术标准、质量规范等。

（八）施工图绘制课程标准

工学一体化课程名称	施工图绘制	基准学时	100
典型工作任务描述			

施工图是指反映住宅、公共建筑、构筑物等建设工程项目的总体布局，以及建筑物、构筑物的外部形状、内部布置、结构构造、内外装修和设备、施工等要求的图样，主要包括建筑专业施工图，结构专业施工图以及给排水、暖通和电气专业施工图等。

施工图绘制以建设工程土建部分为对象，包含建筑施工图（建筑总平面图、建筑平面图、建筑立面图、建筑剖面图、建筑详图）绘制任务和结构施工图（基础结构施工图、梁板结构施工图、柱结构施工图、楼梯结构施工图）绘制任务。

施工过程中，在实际施工条件与原设计不符或发生变化、建设方的局部使用功能改变，以及施工中各方发现图纸有错、漏、不当之处时，需要对施工图设计变更部分进行绘制，以保证施工正常进行。

施工员根据施工现场情况，获取施工图需要变更部分，与各参建方沟通，明确图纸需要变更部分，并如实填写施工日志；能够读懂施工图绘制相关标准，列举施工图绘制相关规定，根据需要变更部分图纸、施工图绘制标准等内容制定施工图变更方案，并填写设计变更申请表；使用 CAD 制图软件，按照施工图变更方案进行施工图变更绘制；施工图绘制完成后，对图纸进行复核；施工图检查无误后，打印出图，并与设计变更单一并提交项目部审核。

施工图绘制过程中，应参照《房屋建筑制图统一标准》（GB 50001—2017）、《总图制图标准》（GB/T 50103—2010）、《建筑制图标准》（GB/T 50104—2010）、《建筑结构制图标准》（GB/T 50105—2010）、《混凝土结构施工图平面整体表示方法制图规则和构造详图（现浇混凝土框架、剪力墙、梁、板）》（22G101—1）、《混凝土结构施工图平面整体表示方法制图规则和构造详图（现浇混凝土板式楼梯）》（22G101—2）、《混凝土结构施工图平面整体表示方法制图规则和构造详图（独立基础、条形基础、筏形基础、桩基础）》（22G101—3）等现行标准和图集。

工作内容分析

工作对象：	工具、设备与资料：	工作要求：
1. 领取任务书，获取工作内容与要求，与各参建方沟通； 2. 收集资料，勘查现场，制定施工图绘制变更方案，确定变更内容、要求和方法； 3. 实施施工图变更绘制； 4. 审核设计变更后的施工图纸，并交付项目部实施； 5. 整理竣工图并存档。	1. 工具：CAD 软件、看图软件、铅笔、签字笔、A4 纸； 2. 设备：计算机、打印机； 3. 资料：任务书、相关图纸、《房屋建筑制图统一标准》（GB 50001—2017）、《总图制图标准》（GB/T 50103—2010）、《建筑制图标准》（GB/T 50104—2010）、《建筑结构制图标准》（GB/T 50105—2010）、《混凝土结构施工图平面整体表示方法制图规则和构造详图（现浇混凝土框架、剪力墙、梁、板）》（22G101—1）、《混凝土结构施工图平面整体表示方法制图规则和构造详图（现浇混凝土板式楼梯）》（22G101—2）、《混凝土结构施工图平面整体表示方法制图规则和构造详图（独立基础、条形基础、筏形基础、桩基础）》（22G101—3）等现行标准，以及图集和施工日志。 **工作方法：** 询问法、信息检索法、实地勘查法、	1. 根据任务书，明确工作内容和要求，与各参建方沟通，了解现场施工情况； 2. 根据任务书和施工图纸，收集现场施工情况资料，确定变更内容和要求，填写设计变更申请表； 3. 根据设计变更申请表，进行施工图变更绘制，遵守《房屋建筑制图统一标准》（GB 50001—2017）、《总图制图标准》（GB/T 50103—2010）、《建筑制图标准》（GB/T 50104—2010）、《建筑结构制图标准》（GB/T 50105—2010）、《混凝土结构施工图平面整体表示方法制图规则和构造详图（现浇混凝土框架、剪力墙、梁、板）》（22G101—1）、《混凝土结构施工图平面整体表示方法制图规则和构造详图（现浇混凝土板式楼梯）》（22G101—2）、《混凝土结构施工图平面整体表示方法制图规则和构造详图（独立基

对比法、信息归纳法、排查法、逐一核对检查法、资料归档分类处理法。 **劳动组织方式:** 以小组合作的方式进行。从建设方或者工程项目部获取工作任务,与各参建方沟通明确工作计划,根据变更要求,制定施工图变更方案,填写设计变更申请表,进行施工图变更绘制,复核无误后,提交存档。	础、条形基础、筏形基础、桩基础)》 (22G101—3)等现行标准、图集,完成施工图变更绘制; 4. 根据设计变更申请单对图纸进行复核,检查无误后,打印出图,并与设计变更申请单一并提交项目部审核; 5. 根据竣工资料归档处理要求,整理竣工图和设计变更单并存档。

课程目标

学习完本课程后,学生能胜任在施工过程中发现实际施工条件与原设计不符或发生变化、建设方的局部使用功能改变,以及施工中各方发现图纸有错、漏、不当之处时,协调各参建方制定变更方案,并根据相关规范和标准对施工图设计变更部分进行变更绘制的工作,遵守《房屋建筑制图统一标准》(GB 50001—2017)、《建筑结构制图标准》(GB/T 50105—2010)等国家标准,在教师指导下完成建筑总平面图变更绘制,建筑平面图、建筑立面图、建筑剖面图变更绘制,建筑详图变更绘制,基础结构施工图变更绘制,梁、板结构施工图变更绘制,柱结构施工图变更绘制,楼梯结构施工图变更绘制等工作任务。

1. 能够识读施工图,查阅相关资料信息,填写变更通知单,具备良好的分析能力、文字综合撰写能力和钻研精神。

2. 能够与现场各参建方进行有效沟通,根据建设方功能需求及规范要求,制定变更方案和绘图流程,具备良好的沟通能力和综合处理问题能力。

3. 能根据变更方案进行变更部分施工图的汇总,按照制图规范绘图,熟练运用计算机和绘图软件,具备精益求精的工匠精神和严谨细致的工作态度。

4. 能根据制图标准判断绘图成果的优劣,按照工作流程进行图纸审查,能正确进行图纸打印,具有良好的判断和统筹能力。

5. 能根据设计变更后的施工图,完整地整理竣工验收图纸并分类归档,具有文件处理能力和系统整理能力。

学习内容

本课程的主要学习内容包括:

一、任务书的分析及资料的查阅

实践知识:任务书的阅读分析,相关资料的查阅与信息的整理,网络信息的查询,现场图纸的勘查。

理论知识:设计变更的含义,变更通知单的基本格式、内容与撰写要求,建筑和结构施工图识读基本方法,《房屋建筑制图统一标准》(GB 50001—2017)、《总图制图标准》(GB/T 50103—2010)、《建筑制图标准》(GB/T 50104—2010)、《建筑结构制图标准》(GB/T 50105—2010)、《混凝土结构施工图平面整体表示方法制图规则和构造详图(现浇混凝土框架、剪力墙、梁、板)》(22G101—1)、《混凝土结构施工图平面整体表示方法制图规则和构造详图（现浇混凝土板式楼梯）》（22G101—2）、《混凝土结构施工图平面整体表示方法制图规则和构造详图（独立基础、条形基础、筏形基础、桩基础）》（22G101—3）等现行标准和图集的基本内容。

二、施工图变更绘制方案的制定

实践知识：设计变更单的内容分析，施工图变更流程的确定，设计变更要求和原图纸的对比分析，CAD 软件的操作，变更方案的制定。

理论知识：设计变更方案审查的一般流程，设计变更的内容、要求，CAD 制图软件的操作规程，施工图绘制的内容、要求和方法。

三、施工图变更绘制的实施

实践知识：建筑总平面图的变更绘制，建筑平面图、建筑立面图、建筑剖面图的变更绘制，建筑详图的变更绘制，基础结构施工图的变更绘制，梁、板结构施工图的变更绘制，柱结构施工图的变更绘制，楼梯结构施工图的变更绘制。

理论知识：建筑总平面图的图例、比例，新建建筑坐标标注法、标高标注法，总图绘图步骤；建筑平面图、建筑立面图、建筑剖面图的相互关系，绘图步骤；建筑详图的引出线、索引符号等标注规定，建筑材料图例；基础结构施工图的桩基础平面注写方式，桩基础结构施工图绘图步骤；梁、板结构施工图梁、板平面注写方式，梁、板结构施工图绘图步骤；柱结构施工图柱平面注写方式，柱结构施工图绘图步骤；楼梯结构施工图楼梯平面注写方式，楼梯结构施工图绘图步骤。

四、施工图变更绘制的审核及交付

实践知识：施工变更图的核对检查，设计变更单内容、施工变更图与现场做法的对比分析，施工变更图的修改，设计变更单和施工变更图的打印。

理论知识：施工图绘制的注意事项，设计变更单撰写存在的问题，设计变更和施工图变更的审核流程，设计变更和施工变更图纸的交付标准。

五、竣工图的整理及存档

实践知识：设计变更联系单的查阅整理，竣工图的绘制修改，竣工图的打印整理，竣工图的存档。

理论知识：竣工图组成，竣工图的绘制方法，竣工图的整理存档注意事项，竣工图在竣工验收中的作用，设计变更联系单与竣工图之间的联系。

六、通用能力、职业素养、思政素养

自主学习、自我管理、信息检索、理解与表达、交往与合作、创新思维、解决问题等通用能力，安全意识、质量意识、规范意识、效率意识、成本意识、环保意识、市场意识、服务意识等职业素养，以及劳模精神、劳动精神、工匠精神等思政素养。

参考性学习任务

序号	名称	学习任务描述	参考学时
1	建筑总平面图变更绘制	现有一建筑施工实训基地工程，总建筑面积 2 534.54 m²，建筑占地面积 1 472 m²。建筑层数地上 3 层，一层层高 5.100 m，二层层高 4.200 m，三层层高 4.150 m，建筑总高度为 14.350 m。基础采用静压式（PHC）预应力混凝土管桩基础 PHC500-125-A，上部主体结构类型采用框架结构。施工员在查阅总平面施工图的过程中，发现实训楼外墙定位轮廓线与上部（±0.00）外挑轮廓线标注无法区分，不符合规范要求，需要变更。建设方要求施工员根据施工现场实际情况及相关规范要求对总平面图进行变更绘制。 操作者查阅国家标准《总图制图标准》（GB/T 50103—2010）中新建建筑物图例要求。与现场监理代表沟通，向监理项目部反应施工图纸问题，明确图纸中需要变更的内容，填写设计变更申请表；使用绘图软件，进行总平面图绘制；按国家标准《总图制图标准》（GB/T 50103—2010）要求检查总平面图是否符合规范要求；打印图纸，并向项目部提交变更图纸及设计变更单。	10
2	建筑平面图、建筑立面图、建筑剖面图变更绘制	现有一建筑施工实训基地工程，总建筑面积 2 534.54 m²，建筑占地面积 1 472 m²。建筑层数地上 3 层，一层层高 5.100 m，二层层高 4.200 m，三层层高 4.150 m，建筑总高度为 14.350 m。基础采用静压式（PHC）预应力混凝土管桩基础 PHC500-125-A，上部主体结构类型采用框架结构。在进行二层柱子钢筋安装工序时，施工员接到现场建设方增加使用功能的需求，需要在三层"构造节点实训区"增设一间能够容纳 40 名学生的教室。建设方要求施工员根据现场情况绘制三层小教室平面图及改变后的立面图和剖面图。 操作者与现场业主代表沟通，明确新增三楼小教室，根据规定确定新增教室位置，并填写设计变更申请表；使用绘图软件进行平面图、立面图、剖面图绘制；按要求检查平面图、立面图、剖面图是否符合规范要求；打印图纸，并向项目部提交变更图纸及设计变更单。	20
3	建筑详图变更绘制	现有一建筑施工实训基地工程，总建筑面积 2 534.54 m²，建筑占地面积 1 472 m²。建筑层数地上 3 层，一层层高 5.100 m，二层层高 4.200 m，三层层高 4.150 m，建筑总高度为 14.350 m。基础采用静压式（PHC）预应力混凝土管桩基础 PHC500-125-A，上部主体结构类型采用框架结构。工程主体结构验收完成，施工员正安排屋	15

3	建筑详图变更绘制	面防水及细部构造的施工。施工员在熟悉图纸的过程中，发现"墙身大样二"第⑨大样的屋面及泛水标注不详，立即向监理反映情况，监理要求施工员参照其他部分做法，绘制第⑨大样施工图。 操作者与现场监理代表沟通，明确施工图纸问题，识读"墙身大样二"图，列举第⑨详图需要变更部分，制定变更方案；使用绘图软件进行墙身大样第⑨详图绘制；按要求检查详图是否符合规范要求；打印图纸，并向项目部提交变更图纸及设计变更单。	
4	基础结构施工图变更绘制	现有一建筑施工实训基地工程，总建筑面积 2 534.54 m²，建筑占地面积 1 472 m²。建筑层数地上 3 层，一层层高 5.100 m，二层层高 4.200 m，三层层高 4.150 m，建筑总高度为 14.350 m。在进行（M-A）-（M-6）轴桩基施工过程中，遇到不明障碍物爆桩。发现爆桩后，施工员与监理和设计沟通，提出进行补桩。现要求施工员根据现场情况，重新绘制（M-A）-（M-6）轴桩基础及对应的 CT-1 承台施工图。 操作者向相关参建单位反应爆桩现象，并填写施工日志；参照其他部分桩基础图制定变更方案，使用绘图软件，进行变更图绘制；按要求检查详图是否符合规范要求；打印图纸，并向项目部提交变更图纸及设计变更单。	10
5	梁、板结构施工图变更绘制	现有一建筑施工实训基地工程，总建筑面积 2 534.54 m²，建筑占地面积 1 472 m²。建筑层数地上 3 层，一层层高 5.100 m，二层层高 4.200 m，三层层高 4.150 m，建筑总高度为 14.350 m。基础采用静压式（PHC）预应力混凝土管桩基础 PHC500-125-A，上部主体结构类型采用框架结构。在进行二层柱子钢筋安装工序时，施工员接到现场建设方增加使用功能的需求，需要在三层"构造节点实训区"增设一间能够容纳 40 名学生的教室。施工员根据现场三层建筑平面图的变更情况，提出需要在新增教室隔墙位置加设一根梁，经设计人员结构荷载验算，新增梁尺寸 250 mm×600 mm，配筋同 L3a（3）；板配筋按原配筋基础上，新增梁处增加长 1 200 mm 负加筋 10@160，其余按原设计图纸要求。现要求施工员根据现场实际情况绘制新增教室的梁、板结构施工图。 操作者与现场业主、监理、设计沟通，明确变更范围，并向设计反映需要变更的内容，明确变更尺寸和部分配筋；填写设计变更申请表；使用绘图软件进行梁、板结构施工图绘制，按要求及参照"三层梁平面配筋图"检查教室梁、板结构施工图是否符合规范要求；打印图纸，并向项目部提交变更图纸及设计变更单。	15

6	柱结构施工图变更绘制	现有一建筑施工实训基地工程,总建筑面积 2 534.54 m²,建筑占地面积 1 472 m²。建筑层数地上 3 层,一层层高 5.100 m,二层层高 4.200 m,三层层高 4.150 m,建筑总高度为 14.350 m。基础采用静压式(PHC)预应力混凝土管桩基础 PHC500-125-A,上部主体结构类型采用框架结构。在进行二层柱子钢筋安装工序时,施工员接到现场建设方增加使用功能的需求,需要在三层"构造节点实训区"增设一间能够容纳 40 名学生的教室。施工员根据现场三层建筑平面图的变更及新增梁变更情况,因三层荷载增加,向设计提出是否需要在增加梁的两端加设柱。设计经过荷载验算,提出在新增梁两端加设两根柱,柱截面尺寸及配筋同 KZ6a。现要求施工员根据现场实际情况,绘制新增柱结构施工图。 操作者与现场业主、监理、设计沟通,明确变更范围,并向设计反映需要变更的内容,明确变更部分尺寸和配筋;填写设计变更申请表;使用绘图软件绘制新增柱结构施工图,按要求及参照"柱平面布置图",检查新增柱结构施工图是否符合规范要求;打印图纸,并向项目部提交变更图纸及设计变更单。	15
7	楼梯结构施工图变更绘制	现有一建筑施工实训基地工程,总建筑面积 2 534.54 m²,建筑占地面积 1 472 m²。建筑层数地上 3 层,一层层高 5.100 m,二层层高 4.200 m,三层层高 4.150 m,建筑总高度为 14.350 m。基础采用静压式(PHC)预应力混凝土管桩基础 PHC500-125-A,上部主体结构类型采用框架结构。施工员在进行一层楼梯放样过程中,建设方要求将"楼梯 LT1"中"砖砌踏步"改为钢筋混凝土板式楼梯。现要求施工员按照一层楼梯配筋情况,把"砖砌踏步"部分改为钢筋混凝土板式楼梯,绘制 LT1 一层结构平面图及相应剖面图。 操作者与现场业主、监理沟通,明确变更范围,并向设计反映需要变更的内容,明确变更部分尺寸和配筋;填写设计变更申请表,根据本变更制图的相关规定制定变更方案;使用绘图软件绘制 LT1 一层结构平面图及相应剖面结构施工图,按要求及参照"LT1 楼梯结构详图"检查变更施工图是否符合规范要求;打印图纸,并向项目部提交变更图纸及设计变更单。	15

教学实施建议

1. 教学组织方式与建议

采用行动导向的教学方法。为确保教学安全，提高教学效果，建议采用 4~5 人/组的分组教学形式，班级人数不超过 30 人。在完成工作任务的过程中，教师须加强示范与指导，注重学生职业素养和规范操作意识的培养。

2. 教学资源配备建议

（1）教学场地

一体化教学工作站可以分为施工项目实训仿真区，含多媒体设备的分组教学区、计算机制图区、标准规范图纸借阅区和打印区等。

（2）工具与材料

1）按人配置：预装制图软件的计算机。

2）按组配置：钢尺、打印出图用纸张耗材。

（3）教学资料

以工作页为主，配备建筑施工图、结构施工图、任务书、变更方案、规范、标准、图集等。

教学考核要求

采用过程性考核与终结性考核相结合的形式。

1. 过程性考核

采用自我评价、小组评价和教师评价相结合的方式进行考核；让学生学会自我评价，教师要观察学生的学习过程，结合学生的自我评价、小组评价进行总评并提出改进建议。

（1）课堂考核：考核出勤、学习态度、课堂纪律、小组合作与展示等情况。

（2）作业考核：考核工作页的完成、成果展示、课后练习等情况。

（3）阶段考核：书面测试、实操测试、口述测试。

2. 终结性考核

考核任务案例：学生根据设计变更联系单的修改要求，在规定时间内完成某个项目的竣工图变更绘制任务，经检查，修改任务全部完成，修改符合制图规范要求。

【情境描述】

某工程正处于竣工验收资料整理阶段，施工项目部正在绘制项目竣工图，要求施工员根据施工过程中的设计变更联系单资料，将施工图修改为竣工图。

联系单如下：

北京××国际工程设计有限公司

工程技术联系单

证书等级：甲级
证书编号：A1330061××

建设单位	××技师学院	主送单位	××技师学院	工程号	J12030
工程名称	××技师学院建筑施工实训基地	抄送单位	施工单位及监理公司	专业编号	建字第01号
子项名称	实训楼	日　　期	2022.10.21	页　　码	1/1

根据设计方要求，三层平面图做如下调整：

1. 2轴交D轴，6轴交C轴位置的楼梯间门改为防火门，编号FMZ 1521，建筑门窗表对应修改。

2. 2、3、6轴交B-D轴编号为LM1521的门开启方向修改为向外开。

3. 1轴交B-D轴位置的外墙增设一个窗户，做法和南北定位同7轴交B-C轴靠近B轴的LC2009，建筑门窗表对应修改，受影响的构造柱向北移至窗洞边。

4. 1轴交D轴楼梯间平台位置，平台北侧外墙在框架柱和构造柱间增设一个窗户，做法同LC0917b，窗洞定位对齐东侧构造柱，建筑门窗表对应修改。

—— 以下空白，其他详见各专业相关联系单 ——

审核人		工种负责人		校对人		经办人	
会签人	建：	结：		水：	电：	暖：	
签复意见：							
主送单位签收人							

北京××国际工程设计有限公司

工程技术联系单

证书等级：甲级
证书编号：A1330061××

建设单位	××技师学院	主送单位	××技师学院	工程号	J12030
工程名称	××技师学院建筑施工实训基地	抄送单位	施工单位及监理公司	专业编号	建字第02号
子项名称	实训楼	日　期	2022.10.22	页　码	1/1

根据业主方要求，三层平面图做如下调整：

室内装潢实训区最终的隔墙布置设计如下图所示，原图纸的其他隔墙布置均取消：

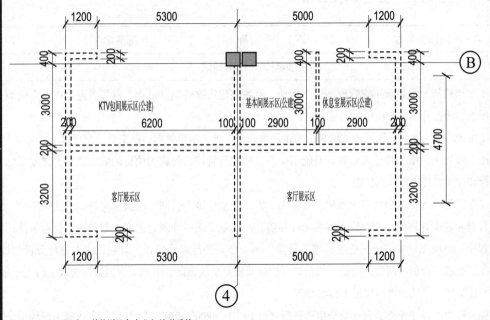

—— 以下空白，其他详见各专业相关联系单 ——

审核人		工种负责人		校对人		经办人	
会签人	建：	结：	水：	电：	暖：		
签复意见：							
主送单位签收人							

【任务要求】

1. 能读懂联系单，明确修改内容和绘制工作任务要求。

2. 能准确查阅施工图，确定修改位置和范围。

3. 能正确使用绘图软件完成图纸的变更修改，在制图过程中，严格执行规范标准。

4. 能按企业内部的检验规范进行相应作业的自检和审核，并按要求修改完善。

5. 能在规定时间内完成图纸绘制，并达到竣工图技术要求。

6. 能具备吃苦耐劳、爱岗敬业的工作态度和职业责任感。

【参考资料】

完成上述任务时，可以使用所有常见教学资料，如工作页、规范、标准、图集等。

（九）施工生产管理课程标准

工学一体化课程名称	施工生产管理	基准学时	120

典型工作任务描述

施工生产是指工程建设实施阶段的生产活动，是各类建筑物的建造过程，也可以说是在指定的地点把设计图纸上的各种线条变成实物的过程。

施工生产管理主要包括施工成本管理、施工进度管理、施工质量管理、施工合同管理等。

在施工过程中，施工管理人员需要对施工生产过程进行管理，使施工项目的成本目标、进度目标、质量目标和合同目标得以顺利实现。

施工生产管理人员从项目部领取施工任务书、施工图纸、施工合同、招投标文件、工程量清单、施工成本计划和进度计划等；查看施工现场工作环境，阅读施工成本计划、进度计划和施工合同条款；在施工过程中，对施工成本、施工进度、施工质量、施工合同进行跟踪检查；对施工成本进行分析与控制，对施工进度进行分析与调整，对施工质量进行控制及质量事故预防，对施工合同进行管理；将施工成本、进度、质量和合同的管理情况报工程项目部。

作业过程中，遵守《施工企业安全生产管理规范》（GB 50656—2011）、《建筑与市政施工现场安全卫生与职业健康通用规范》（GB 55034—2022）等现行标准，按照施工图纸、施工合同、施工进度计划和成本计划，进行施工生产管理。

工作内容分析

工作对象：	工具、材料、设备与资料：	工作要求：
1. 领取任务书、施工图纸等，认真阅读，并勘查施工现场状况；	1. 工具：量具（如钢卷尺、皮尺）、安全帽、护目镜、记号笔等；	1. 读懂施工任务书、合同和招投标文件，明确生产管理的内容和要求，并勘查施工现场状况；
2. 制订成本计划和进度计划；	2. 材料：砂、石、水泥、钢筋等； 3. 设备：切割机、电焊机、探伤仪等；	2. 制订成本计划，编写

3. 对影响施工成本的各种因素进行管理，按进度计划的要求组织人力、物力、财力进行施工，对合同执行者的履行情况进行跟踪、监督和控制； 4. 对施工项目成本形成中的各责任者进行对比与考核，根据需要对施工进度计划进行不定期检查与调整，提出施工质量改进措施，并对施工合同进行管理； 5. 将施工成本、施工进度、施工质量和施工合同的管理情况报工程项目部。	4. 资料：任务书、施工图纸、合同、招投标文件、工程量清单、施工组织方案、进度计划、施工生产要素进场计划、质量检查流程表、施工方案、施工现场质量管理检查记录表、施工方案审批表、技术交底记录、《建设工程质量管理条例》、施工成本分析表、施工进度调整表、施工质量验收表、施工合同变更表等。 **工作方法：** 施工图纸查阅方法、施工成本计划编制方法、施工进度计划编制方法、施工成本控制方法、施工成本分析方法、施工质量控制方法、施工合同执行过程管理方法、施工进度控制方法、施工质量事故的预防与处理方法。 **劳动组织方式：** 以独立或小组合作的方式进行。从工程项目部获取工作任务，确定施工计划、施工进度和施工方案；进入全面施工作业后，管理人员负责施工现场检查；工程收尾及验收之前，收集与施工有关的所有资料。	施工计划表和施工进度表； 3. 对施工成本、施工进度、施工质量、施工合同进行跟踪检查； 4. 对施工成本进行分析与控制，对施工进度进行分析与调整，对施工质量进行控制及质量事故预防，对施工合同进行管理； 5. 将施工成本、施工进度、施工质量和施工合同的管理情况报工程项目部。

课程目标

学习完本课程后，学生应当能够胜任施工生产管理工作，明确生产管理的项目、流程和规范，能严格遵守安全管理人员的职业道德，在教师指导下完成施工成本管理、施工进度管理、施工质量管理、施工合同管理等工作任务。

1. 能读懂施工图纸和施工方案，必要时与相关人员进行沟通，明确生产管理的内容和要求。

2. 能根据施工图纸、任务书、施工组织方案等，制订施工成本计划，编写施工计划表和施工进度表。

3. 能按照施工计划表和施工进度表，对施工成本、施工进度、施工质量、施工合同进行跟踪检查。

4. 在施工生产管理过程中，能对施工成本进行分析与控制，对施工进度进行分析与调整，对施工质量进行控制及质量事故预防，对施工合同进行管理。

5. 能按要求将施工成本、施工进度、施工质量和施工合同的管理情况报工程项目部。

学习内容

本课程的主要学习内容包括：

一、获取信息，明确任务

实践知识：5H2W沟通法、STAR表达法的运用，任务单的阅读分析，施工生产管理内容和要求的获取，施工图和施工方案的识读。

理论知识：施工成本的概念及内容，成本管理的措施，进度控制的相关知识，进度计划的类别及其联系，施工质量管理的相关知识，施工质量的影响因素，质量管理体系、现场施工安全管理的内容，现场施工安全管理检查的保证项目和一般项目，合同管理工作的基础知识。

二、学习任务计划的制订和准备

实践知识：施工现场管理法、数据分析法、经验判断法、施工工序检查法的运用；施工成本、施工进度、施工质量、施工合同等管理方案的制定；施工生产管理内容清单的罗列，管理方法的选定，管理效果的评判，管理用品的选用；瓷砖、瓷砖胶、泡沫砖、填缝剂等施工相关材料的认识；量具（如钢卷尺、皮尺）、安全帽、护目镜、记号笔、砂、石、水泥、钢筋、切割机、电焊机、探伤仪等工具的使用；机具的维护及保养，施工现场环境的布局；《住房城乡建设部　财政部关于印发〈建筑安装工程费用项目组成〉的通知》（建标〔2013〕44 号）、《财政部关于印发〈企业产品成本核算制度（试行）的通知》》（财会〔2013〕17 号）、《工程网络计划技术规程》（JGJ/T 121—2015）、《建筑工程施工质量验收统一标准》（GB 50300—2013）、《质量管理体系　基础和术语》（GB/T 19000—2016）、《建设工程安全生产管理条例》、《企业职工伤亡事故分类》（GB 6441—1986）、《生产安全事故报告和调查处理条例》、《中华人民共和国招标投标法实施条例》、《工程建设项目施工招标投标办法》、《建设工程施工合同（示范文本）》（GF-2017-0201）等文件和标准的应用。

理论知识：成本计划类型、编制依据、编制程序、编制方法、编制内容，横道图进度计划、双代号网络计划、双代号时标网络计划、单代号网络计划的编制方法，施工质量计划的内容、编写方法、审批流程，质量管理的方法、思路，施工质量控制点的设置，安全生产管理制度、安全生产管理预警体系的基本知识，施工安全技术措施的目标、程序及一般要求，安全技术交底的内容及要求，合同订立程序、合同谈判、合同签订的基本知识，施工合同管理的工作内容。

三、学习任务的实施

实践知识：施工过程成本计划的编写，成本的核算，成本形成过程的分析；施工过程进度计划的编写与阅读、检查与调整；施工过程工序质量、工作质量和质量控制点的管理；施工过程合同履行情况的跟踪、监督和控制，施工过程合同变更的管理；施工成本的分析与控制，施工进度的分析与调整，施工质量的控制及质量事故的预防，施工合同的管理；施工过程成本、进度、质量和合同管理情况的汇总和整理；《住房城乡建设部　财政部关于印发〈建筑安装工程费用项目组成〉的通知》（建标〔2013〕44 号）、《财政部关于印发〈企业产品成本核算制度（试行）的通知》》（财会〔2013〕17 号）、《工程网络计划技术规程》（JGJ/T 121—2015）、《建筑工程施工质量验收统一标准》（GB 50300—2013）、《质量管理体系　基础和术语》（GB/T 19000—2016）、《建设工程安全生产管理条例》、《企业职工伤亡事故分类》（GB 6441—1986）、《生产安全事故报告和调查处理条例》、《中华人民共和国招标投标法实施条例》、《工程建设项目施工招标投标办法》、《建设工程施工合同（示范文本）》（GF-2017-0201）等的相关文件、标准及企业安全规范的应用。

理论知识：成本控制的三大措施，实际进度与计划进度偏差的判定方法及调整方法，施工过程质量验收内容相关的表格、现场质量检查方法，竣工质量验收的条件、标准、程序和组织施工现场安全检查、整改的流程，合同计价方式、合同风险类别、工程保险种类、合同管理制度的基本知识。

四、学习任务完成情况检查

实践知识：表格核算法、会计核算法的运用，施工进度检查、施工质量检查、施工安全检查、合同管理检查的操作。

理论知识：成本核算的原则、依据、范围和程序，进度检查记录表、合同管理检查评分表、进度分析表的基本内容，质量缺陷、质量问题、质量事故、施工安全隐患、应急预案、安全事故的概念。

五、学习任务的验收与评价

实践知识：比较法、因素分析法、差额计算法、比率法的运用，整改通知单的下达与回复，施工质量安全会议的举办，施工管理资料的填写与归档，施工过程成本、进度、质量和合同管理情况的汇总和整理。

理论知识：成本分析的依据、内容、步骤、方法，成本考核的依据与方法，施工进度整改通知单、基础施工过程进度管理复查表的基本内容，安全事故报告、安全事故调查、事故处理的基本内容，施工质量缺陷处理的基本方法。

六、通用能力、职业素养、思政素养

自主学习、自我管理、信息检索、理解与表达、交往与合作、创新思维、解决问题等通用能力，安全意识、质量意识、规范意识、效率意识、成本意识、环保意识、市场意识、服务意识等职业素养，以及劳模精神、劳动精神、工匠精神等思政素养。

参考性学习任务			
序号	名称	学习任务描述	参考学时
1	施工成本管理	施工生产管理人员从项目部领取施工任务书、施工图纸、施工合同、招投标文件、工程量清单等，编写施工成本计划；在施工过程中，对影响施工成本的各种因素加强管理，采取多种措施，消除施工中的损失浪费现象；以单位工程为成本核算对象，对施工成本进行核算；在施工成本核算的基础上，对成本的形成过程和影响成本升降的因素进行分析；在施工项目完成后，对施工项目成本形成中的各责任者进行对比与考核。	30
2	施工进度管理	施工生产管理人员从项目部领取施工任务书、施工图纸、施工合同、招投标文件、工程量清单、施工成本计划等，视项目的特点和施工进度控制的需要，编制控制性和直接指导项目施工的进度计划，以及按不同计划周期的计划；为确保施工进度计划得以实施，施工方还应编制劳动力需求计划、物资需求计划以及资金需求计划；查看施工现场工作环境，阅读施工成本计划、进度计划和施工合同条款；在施工过程中，按进度计划的要求组织人力、物力、财力进行施工；并根据需要不定期对施工进度计划进行检查与调整。	30
3	施工质量管理	施工生产管理人员从项目部领取施工任务书、施工图纸、施工合同、招投标文件、工程量清单、施工成本计划和进度计划等，明确质量目标，制定施工方案，设置质量管理点，落实质量责任，分析可能	30

3	施工质量管理	导致质量目标偏离的各种影响因素，并针对这些影响因素制定有效的预防措施；查看施工现场工作环境，阅读施工成本计划、进度计划和施工合同条款；在施工过程中，对影响施工质量的各种因素进行全面的动态管理，管理的重点是对工序质量、工作质量和质量控制点的管理；事后质量把关的重点是发现施工质量方面的缺陷，并通过分析提出改进施工质量的措施，保持质量处于受控状态。	
4	施工合同管理	施工生产管理人员从项目部领取施工任务书、施工图纸、施工合同、招投标文件、工程量清单、施工成本计划和进度计划等；查看施工现场工作环境，阅读施工成本计划、进度计划和施工合同条款；在施工过程中，合同中各项任务的执行要落实到具体的项目经理或项目参与人员身上，对合同执行者的履行情况进行跟踪、监督和控制，对合同实施的偏差进行分析并处理，对合同的变更进行管理；合同当事人一方因对方不履行或未能正确履行合同或者由于其他非自身因素而受到经济损失或权利损害，通过合同规定的程序向对方提出经济或时间补偿。	30

教学实施建议

1. 教学组织方式与建议

建议在真实工作情境或模拟工作情境下运用行动导向教学理念实施教学，采取 2~3 人 / 组的分组教学形式，学习和工作过程中注重学生职业素养的培养。

2. 教学资源配备建议

（1）教学场地

建议配置建筑技术实训室，实训室须具备良好的照明和通风条件，分为集中教学区、分组实训区、信息检索区、资料存放区、成果展示区，并配备多媒体教学设备、仿真软件、实物、模型等。

（2）工具与材料

建议按小组配备量具（如钢卷尺、皮尺）、安全帽、护目镜、记号笔、砂、石、水泥、钢筋、切割机、电焊机、探伤仪等。

（3）教学资料

建议教师课前准备任务书（含配置单）、图纸、工作页、《建设工程质量管理条例》、施工现场质量管理检查记录表、施工组织设计、施工方案审批表、技术交底记录、质量检查流程表。

教学考核要求

采用过程性考核和终结性考核相结合的方式。

1. 过程性考核

采用自我评价、小组评价和教师评价相结合的方式进行考核；让学生学会自我评价，教师要善于观察学生的学习过程，参照学生的自我评价、小组评价进行总评并提出改进建议。

（1）课堂考核：考核出勤、学习态度、课堂纪律，小组合作与展示等情况。

（2）作业考核：考核工作页的完成、课后练习等情况。

（3）阶段考核：实操测试、口述测试。

2. 终结性考核

学生根据任务情境中的要求，对施工成本进行分析与控制，对施工进度进行分析与调整，对施工质量进行控制及质量事故预防，对施工合同进行管理；按要求将施工成本、施工进度、施工质量和施工合同的管理情况报工程项目部。

考核任务案例：砌体结构工程施工质量管理。

【情境描述】

某住宅工程为砖混结构，地上 6 层，地下 1 层，层高 2.9 m。由于现状地貌北高南低，在北侧有部分下室墙体位于地面以下 0.5 m 处。承重墙采用普通混凝土小砌块砌筑，设钢筋混凝土构造柱，厕浴间隔采用轻型骨料混凝土小型空心砌块，水平结构为现浇钢筋混凝土楼板。

砌筑施工时，普通混凝土小砌块先浇水湿透，再采用逐块做浆的方法底面朝下正砌于墙上。小砌块进场复验资料显示，部分小砌块龄期不足 21 d。

【任务要求】

请根据任务的情境描述，在半天内完成：

1. 指出施工单位做法的不妥之处。

2. 针对不妥之处，分别给出正确做法。

3. 写出小砌块使用时的正确龄期。

【参考资料】

作业过程中，可以使用所有的常见资料，如工作页、教材、施工图和各种规范标准等。

（十）建筑工程计量与计价课程标准

工学一体化课程名称	建筑工程计量与计价	基准学时	200
典型工作任务描述			

某技师学院建筑施工实训基地项目总建筑面积 2 532.96 m²，为钢筋混凝土框架结构，设计室外地坪标高为 –0.300 m，设计室内地坪标高为 ±0.000 m。建筑层数地上 3 层，一层层高 5.100 m，二层层高 4.200 m，三层层高 4.150 m，建筑总高度为 14.350 m。本工程采用的是预应力钢筋混凝土管桩基础，桩端持力层为全风化花岗岩，桩端进入持力层深度大于等于 1.0 m。墙体工程做法：外墙厚 200 mm，内隔墙厚 200 mm/100 mm，墙体采用密度等级 B06、强度等级 A3.5 的蒸压加气混凝土砌块和 M5.0 专用砂浆砌筑。本工程采用复合木模板、钢支撑。一楼地面做法：墙体厚 180 mm，轴线居中，地面做法为回填土夯实、60 mm 厚 C15 混凝土垫层、素水泥浆结合层一遍、20 mm 厚 1：2 水泥砂浆抹面压光。二楼地面做法：墙厚 180 mm，C20 细石混凝土找平层 40 mm 厚，现场集中搅拌，1：2.5 水泥砂浆铺贴大理石，规格为 800 mm×800 mm，面层酸洗打蜡；相同材质的踢脚线 150 mm 高。室内装修做法表中墙面做法有三种：QM1 为防水内墙面（砖面）、防水内墙面（混凝土面），QM2 为中级涂料内墙面（砖面）、中级涂

料内墙面（混凝土面），QM3 为防水外墙面。顶棚处理方法有两种：一种是现浇钢筋混凝土天棚抹灰工程，1：1：6 混合砂浆抹灰面；另一种为吊顶天棚装修，天棚设检查孔一个（0.5 m×0.5 m），窗帘盒宽 200 mm，高 400 mm，通长。吊顶做法：一级不上人 U 型轻钢龙骨中距 450 mm×450 mm，基层为九夹板，面层为红榉拼花，红榉面板刷硝基清漆。

建筑工程已经施工完毕，现要进行工程结算，项目经理要求造价人员部根据施工图纸和工程变更单等资料进行建筑工程计量，计量内容包括土石方工程、地基与基础工程、砌筑工程、混凝土工程、模板工程、门窗工程、楼地面工程、墙柱面工程和天棚工程等。造价员领取工作任务单，阅读图纸，查阅相关规范，计算相关工程量并进行计量与计价。

工作内容分析

工作对象：	工具、设备与资料：	工作要求：
1. 领取任务书，获取工作内容与要求，与工程项目部相关人员沟通； 2. 收集资料，识读施工图纸，工程量清单列项，熟悉工程清单和定额计算规则、市场询价； 3. 编制建筑工程计量与计价表，熟悉现行地方定额，阅读施工组织设计，准备计算工具，实施工程量清单计价； 4. 检查分项工程计量与计价过程，复核计量与计价成果； 5. 提交工程量清单计价成果书，评价总结。	1. 工具：计算器、计量与计价软件、铅笔、签字笔、油性笔、仿真软件、绘图软件（AutoCAD 等）、建筑构件模型等； 2. 设备：制图桌椅、多媒体投影设备、展示台； 3. 资料：任务书、某学校综合楼施工图纸、建设工程计量与计价表、汇总表、施工组织设计、工作页、教材、《房屋建筑与装饰工程工程量计算规范》（GB 50854—2013）、《建设工程工程量清单计价规范》（GB 50500—2013）、现行地方定额、材料价格表、《混凝土结构施工图平面整体表示方法制图规则和构造详图》（22G101）。 **工作方法：** 规范顺序法、统筹法、信息检索、经验数据法、角色互换法、全面审核法、小组成员互检法。 **劳动组织方式：** 以小组合作的方式进行。从工程项目部获取工作任务，与工程项目部项目负责人沟通，明确工作计划，组建建筑工程计量与计价小组，分工协作完成工程量清单计价任务，必要时与工程项目部等相关人员沟通，结合施工组织设计探讨计价要点及	1. 根据任务书，明确工作内容和要求，与工程项目部相关人员沟通，了解工程量清单计价规则和计算内容，熟练应用计价软件； 2. 根据任务书、施工图纸和施工组织设计、工程量清单，收集相关资料，确定建筑工程量计价内容，绘制工程量清单计价流程图； 3. 工程量清单计价过程中，工具、材料和设备符合任务书的要求，遵守《房屋建筑与装饰工程工程量计算规》（GB 50854—2013）及配套的规范和标准，按照施工组织设计、现行地方定额、施工图纸等资料进行工程量清单计价； 4. 小组成员对工程量清单计价成果（分部分项工程量清单计价）进行复核； 5. 对已完成的工程量清单计价工作进行记录、评价、反馈和存档。

| | 调整价格，任务完成后与工程项目部项目负责人沟通验收，上交成果。 | |

课程目标

学习完本课程后，学生应当能够胜任土石方工程、地基与基础工程、砌筑工程、混凝土工程、模板工程、门窗工程、楼地面工程、墙柱面工程和天棚工程等计量工作，并严格按照《建设工程工程量清单计价规范》（GB 50500—2013）、《房屋建筑与装饰工程工程量计算规范》（GB 500854—2013）、各省份定额标准和"7S"现场管理制度要求计算各分部工程的工程量，在教师指导下完成土石方工程计量与计价、地基与基础工程计量与计价、砌筑工程计量与计价、混凝土工程计量与计价、模板工程计量与计价、门窗工程计量与计价、楼地面工程计量与计价、墙柱面工程计量与计价、天棚工程计量与计价等工作任务。

1. 能认真阅读工程资料，获取任务内容要求；能查阅相关资料，获取分部工程计量相关信息要素。

2. 能熟练查阅《建设工程工程量清单计价规范》（GB 50500—2013）、《房屋建筑与装饰工程工程量计算规范》（GB 500854—2013），理解计量相关规范，完成分部工程量清单的填写。

3. 能熟悉分部工程的工作内容，结合规范相关内容，制作工作联系单。

4. 能熟练查阅规范，整理各分部工程的工程量计量规则。

5. 能熟练操作广联达图形算量软件，能够利用广联达图形算量绘制图纸，并导出各分部工程的工程量。

6. 能核对工程量计算注意事项，熟练进行工程量的手算，按规范核查工程量是否正确。

7. 能将分部工程量计算公式整理资料提交审核，能够客观准确地自评、互评。

8. 能依据汇报展示要求收集整合工作过程资料，团结协作，利用多媒体设备和专业术语表达展示工作成果。

学习内容

本课程的主要学习内容包括：

一、获取信息，明确任务

实践知识：思维导图法、PDCA循环法的运用，工程资料的阅读，任务内容要求的获取，相关资料的查阅，分部工程计量相关信息要素的获取，工程量计算信息和计算规则的获取，规范的查阅，各分部工程工程量计量规则的整理等。

理论知识：规范、施工图纸、施工方案的内容，分部分项工程量计算的流程，工程量清单的格式，分部分项工程量计量计价的依据，现行建设工程地方定额的内容，工程造价组成的内容。

二、学习任务计划的制订和准备

实践知识：施工顺序计算法、定额项目顺序计算法、图纸顺序计算法、图纸编号顺序计算法、图纸定位轴线编号计算法的运用，分部分项工程量清单计价表格的准备和填写，工作联系单的制作，计划任务书的填写，《房屋建筑与装饰工程工程量计算规范》（GB 50854—2013）、《房屋建筑制图统一标准》（GB 50001—2017）、《建筑制图标准》（GB/T 50104—2010）、《混凝土结构施工图平面整体表示方法制图规则和构造详图》（22 G101）等现行标准和图集的应用。

理论知识：工程量清单计价的内容和方法，工程量清单编制"五统一"的内容，工程造价的组成，工程量清单计算的要点，分项工程量计算内容与施工方案的协调一致。

三、学习任务的实施

实践知识：CAD 图纸的分析，广联达图形算量软件的应用，清单的查阅，数据的整理，现行地方建设工程定额的套取，综合单价的分析。

理论知识：工程量清单计价表格、分部分项工程量清单、措施项目清单、其他项目清单的编制知识，分项工程施工的流程、规范及工艺，现行地方建设工程定额的使用规则和范围，造价从业人员的职业技能评价规范，工程量清单计价中的常见问题及解决方法。

四、学习任务计算结果复核

实践知识：大数覆算、指标检查、全面审核、分组审核的运用，计算数据的来源检查，分项工程量清单计价结果的自检和互检，手工计算与计量软件计算的对比和计量结果复核，《房屋建筑与装饰工程工程量计算规范》（GB 50854—2013）中各分项工程量计算规则的应用。

理论知识：大数覆算、指标检查、全面审核、分组审核的执行要点，工程量清单编制技巧及现行建设工程地方定额的计算规范要求。

五、计算书的交付与验收

实践知识：工程量清单计价原则及规范的使用，工程量清单计价表格、分部分项工程量清单、措施项目清单、其他项目清单的编制；定额计价与清单计价的关系，工程量清单综合单价的编制，招标控制价的编制，建筑工程计量与计价软件的应用，工程量清单计价结果的交付与归档。

理论知识：分项工程工程量清单编制流程及规范，工程量清单的交付要求及标准规范。

六、通用能力、职业素养、思政素养

自主学习、自我管理、信息检索、理解与表达、交往与合作、创新思维、解决问题等通用能力，安全意识、质量意识、规范意识、效率意识、成本意识、环保意识、市场意识、服务意识等职业素养，以及劳模精神、劳动精神、工匠精神等思政素养。

参考性学习任务

序号	名称	学习任务描述	参考学时
1	土石方工程计量与计价	某技师学院建筑施工实训基地项目总建筑面积 2 534.54 m^2，钢筋混凝土框架结构，地上 3 层。设计室外地坪标高为 –0.300 m，地面 1–1 的设计室内地坪标高为 –1.200 m，地面 1–2 的设计室内地坪标高为 ±0.000 m。本工程采用的是桩承台基础，①–③轴承台顶标高为 –1.700 m，④–⑦轴承台顶标高为 –0.800 m。土壤类别为三类土，均属天然密实土。本工程已完成七通一平，并顺利开工，现已完成基础工程施工，项目部要进行工程结算，项目经理要求造价员根据施工图纸和工程变更单进行建筑工程计量与计价。 造价员从项目经理处领取任务单，明确工作内容和要求；根据相关图纸，查看施工现场，检查设备和材料，准备工具；根据工程量计算规则计算土石方工程量，编制建筑工程工程量计算书，填写建筑工程工程量汇总表，根据已经计算完成的建筑工程量和项目特征进行建筑工程计价，并编制工程结算书交付工程项目部。	20

2	地基与基础工程计量与计价	某技师学院建筑施工实训基地项目为钢筋混凝土框架结构，地上3层。设计室外地坪标高为 –0.300 m，设计室内地坪标高为 ±0.000 m。本工程采用的是预应力钢筋混凝土管桩基础，桩端持力层为全风化花岗岩，桩端进入持力层深度不小于1.0 m。 本工程已完成地基与基础工程施工阶段。工程采用C60预应力钢筋混凝土管桩，每根桩桩长25 m，桩顶灌注C30混凝土1.5 m高，桩顶钢筋重3 300 kg，φ16 mm，圆钢Q235A，钢托板878 kg，Q235钢板8 mm厚，铁脚2φ8 mm，长120 mm。桩顶标高 –2.5 m，现场自然地坪标高为 –0.30 m。 现在要进行工程结算，项目经理要求造价员根据施工图纸和工程变更单进行地基与基础工程计量与计价。 造价员从项目经理处领取任务单，明确工作内容和要求；根据相关图纸，查看施工现场，检查设备和材料，准备工具；根据工程量计算规则计算地基与基础工程工程量，编制建筑工程工程量计算书，填写建筑工程工程量汇总表，根据已经计算完成的建筑工程量和项目特征进行建筑工程计价，并编制工程结算书交付工程项目部。	20
3	砌筑工程计量与计价	某技师学院建筑施工实训基地项目总建筑面积2 534.54 m²，钢筋混凝土框架结构，地上3层。墙体工程做法：外墙200 mm厚，内隔墙200 mm/100 mm厚，墙体采用密度等级B06、强度等级A3.5的蒸压加气混凝土砌块和M5.0专用砂浆砌筑。 依据合同约定，本工程砌体工程已分包给一家具备相应资质的劳务公司施工。目前，劳务公司已进场施工，并完成第三层墙柱砌体工程的施工。 现在要进行工程结算，项目经理要求造价员根据施工图纸和工程变更单进行砌筑工程计量与计价。 造价员从项目经理处领取任务单，明确工作内容和要求；根据相关图纸，查看施工现场，检查设备和材料，准备工具；根据工程量计算规则计算砌筑工程工程量，编制建筑工程工程量计算书，填写建筑工程工程量汇总表，根据已经计算完成的建筑工程量和项目特征进行建筑工程计价，并编制工程结算书交付工程项目部。	20
4	混凝土工程计量与计价	某技师学院建筑施工实训基地工程总建筑面积2 534.54 m²，建筑占地面积1 472 m²。建筑层数地上3层，一层层高5.100 m，二层层高4.200 m，三层层高4.150 m，建筑总高度为14.350 m。基础采用静压式（PHC）预应力混凝土管桩基础PHC500-125-A，上部主体结构类型采用框架结构。建筑工程已经施工完毕，现要进行工	20

4	混凝土工程计量与计价	结算，项目经理要求造价员根据施工图纸和工程变更单等资料进行建筑工程计量，计量包括土石方工程、地基与基础工程、砌筑工程、混凝土工程、门窗工程、楼地面工程、墙柱面工程和天棚工程等。现混凝土工程已全部完成，需要进行计量与计价。 造价员从项目经理处领取任务单，明确工作内容和要求；根据相关图纸，查看施工现场，检查设备和材料，准备工具；根据工程量计算规则计算混凝土工程工程量，编制建筑工程工程量计算书，填写建筑工程工程量汇总表，根据已经计算完成的建筑工程量和项目特征进行建筑工程计价，并编制工程结算书交付工程项目部。	
5	模板工程计量与计价	某技师学院建筑施工实训基地工程总建筑面积 2 534.54 m²，建筑占地面积 1 472 m²。建筑层数地上 3 层，建筑总高度为 14.350 m。预应力混凝土管桩基础，框架结构。目前已完成基础工程和后续混凝土工程的模板搭设工作。本工程采用复合木模板、钢支撑。 现在要进行工程结算，项目经理要求造价员根据施工图纸和工程变更单进行模板工程计量与计价。 造价员从项目经理处领取任务单，明确工作内容和要求；根据相关图纸，查看施工现场，检查设备和材料，准备工具；根据工程量计算规则计算模板工程量，编制建筑工程工程量计算书，填写建筑工程工程量汇总表，根据已经计算完成的建筑工程量和项目特征进行建筑工程计价，并编制工程结算书交付工程项目部。	40
6	门窗工程计量与计价	某技师学院建筑施工实训基地工程总建筑面积 2 534.54 m²，建筑占地面积 1 472 m²。建筑层数地上 3 层，一层层高 5.100 m，二层层高 4.200 m，三层层高 4.150 m，建筑总高度为 14.350 m。基础采用静压式（PHC）预应力混凝土管桩基础 PHC500-125-A，上部主体结构类型采用框架结构。目前门窗工程已全部施工完毕。 现在要进行工程结算，项目经理要求造价员根据施工图纸和工程变更单进行门窗工程计量与计价。 造价员从项目经理处领取任务单，明确工作内容和要求；根据相关图纸，查看施工现场，检查设备和材料，准备工具；根据工程量计算规则计算门窗工程量，编制建筑工程工程量计算书，填写建筑工程工程量汇总表，根据已经计算完成的建筑工程量和项目特征进行建筑工程计价，并编制工程结算书交付工程项目部。	20
7	楼地面工程计量与计价	某住宅楼为砖混结构，地上 2 层。一楼地面做法：墙厚 180 mm，轴线居中，地面做法为回填土夯实、60 mm 厚 C15 混凝土垫层、素水泥浆结合层一遍、20 mm 厚 1 : 2 水泥砂浆抹面压光。二楼、	20

7	楼地面工程计量与计价	三楼楼面做法：墙厚180 mm，C20细石混凝土找平层40 mm厚，现场集中搅拌，1∶2.5水泥砂浆铺贴大理石，规格为800 mm×800 mm，面层酸洗打蜡；相同材质的踢脚线150 mm高。目前已完成楼地面装修工程。 现在要进行工程结算，项目经理要求造价员根据施工图纸和工程变更单进行楼地面工程计量与计价。 造价员从项目经理处领取任务单，明确工作内容和要求；根据相关图纸，查看施工现场，检查设备和材料，准备工具；根据工程量计算规则计算楼地面工程量，编制建筑工程工程量计算书，填写建筑工程工程量汇总表，根据已经计算完成的建筑工程量和项目特征进行建筑工程计价，并编制工程结算书交付工程项目部。	
8	墙柱面工程计量与计价	某技师学院建筑施工实训基地项目总建筑面积2 534.54 m²，钢筋混凝土框架结构，地上3层。室内装修做法表中墙面做法有三种：QM1为防水内墙面（砖面）、防水内墙面（混凝土面），QM2为中级涂料内墙面（砖面）、中级涂料内墙面（混凝土面），QM3为防水外墙面。 依据合同约定，本工程装饰工程已分包给一家具备相应资质的装饰公司施工。目前，分包单位已进场施工，本月完成第三层墙柱面工程施工。 现在要进行工程结算，项目经理要求造价员根据施工图纸和工程变更单进行第三层墙柱面工程计量与计价。 造价员从项目经理处领取任务单，明确工作内容和要求；根据相关图纸，查看施工现场，检查设备和材料，准备工具；根据工程量计算规则计算墙柱面工程量，编制建筑工程工程量计算书，填写建筑工程工程量汇总表，根据已经计算完成的建筑工程量和项目特征进行建筑工程计价，并编制工程结算书交付工程项目部。	20
9	天棚工程计量与计价	某学校家属楼项目建筑工程已经施工完毕，按工程进度计划，现需要进行天棚装修，项目经理要求预算员根据施工图纸进行天棚工程计量，大致有两种顶棚：一种是现浇钢筋混凝土天棚抹灰工程，1∶1∶6混合砂浆抹灰面；另一种为吊顶天棚装修，天棚设检查孔一个（0.5 m×0.5 m），窗帘盒宽200 mm，高400 mm，通长。吊顶做法：一级不上人U型轻钢龙骨中距450 mm×450 mm，基层为九夹板，面层为红榉拼花，红榉面板刷硝基清漆。 现施工单位已完成所有天棚工程，项目经理要求造价员根据施工图纸和工程变更单进行天棚工程计量与计价。	20

| 9 | 天棚工程计量与计价 | 造价员从项目经理处领取任务单，明确工作内容和要求；根据相关图纸，查看施工现场，检查设备和材料，准备工具；根据工程量计算规则计算天棚工程量，编制建筑工程工程量计算书，填写建筑工程工程量汇总表，根据已经计算完成的建筑工程量和项目特征进行建筑工程计价，并编制工程结算书交付工程项目部。 | |

教学实施建议

1. 教学组织方式与建议

采用行动导向的教学方法。为确保教学安全，提高教学效果，建议按 4~5 人 / 组采用分组教学的形式，班级人数不超过 50 人。在完成工作任务的过程中，教师须加强示范与指导，注重学生职业素养和规范操作意识的培养。

2. 教学资源配备建议

（1）教学场地

学习工作站必须具备良好的安全、照明和通风条件，可以分为集中教学区、分组实训区、信息检索区、工具存放区和成果展示区，并配备多媒体资料与设备等。实习场地以面积约为 300 m² 的一体化教室为宜。

（2）工具与材料

工作页、《建设工程工程量清单计价规范》（GB 50500—2013）、《房屋建筑与装饰工程工程量计算规范》（GB 50854—2013）、计算机、白板、白板笔、卡纸、磁贴、激光笔、投影仪、展示台、相关教学资源。

（3）教学资料

以工作页为主，配备相关教材、规范、软件使用说明书等。

教学考核要求

采用过程性考核与终结性考核相结合的形式。

1. 过程性考核

采用自我评价、小组评价和教师评价相结合的方式进行考核；让学生学会自我评价，教师要观察学生的学习过程，结合学生的自我评价、小组评价进行总评并提出改进建议。

（1）课堂考核：考核出勤、学习态度、课堂纪律、小组合作与展示等情况。

（2）作业考核：考核工作页的完成、成果展示、课后练习等情况。

（3）阶段考核：书面测试、实操测试、口述测试。

2. 终结性考核

考核任务案例：学生根据图纸，在规定时间内完成某工程各分部工程工程量的计量与计价，经组间核算无明显计算错误。

【情境描述】

某小型工程的结构类型为框架结构，基础类型为独立基础，土石方工程、地基与基础工程、砌筑工程、混凝土工程、门窗工程、楼地面工程、墙柱面工程和天棚工程等分部分项工程已经施工完成，现在要对该工程进行工程结算。

【任务要求】

要求学生根据给定的建筑施工图和结构施工图，独立计算指定部位的土石方工程、地基与基础工程、砌筑工程、混凝土工程、模板工程、门窗工程、楼地面工程、墙柱面工程和天棚工程等分部分项工程量并编制工程量汇总表，根据工程量汇总表编制工程结算书。教师根据学生在规定时间内完成的比例，以及工程量计算书、工程量汇总表和工程结算书的规范性和准确率进行评分。

【参考资料】

完成上述任务时，可以使用所有的常见教学资料，如工作页、教材、规范标准、个人笔记等。

（十一）瓷砖镶贴课程标准

工学一体化课程名称	瓷砖镶贴	基准学时	100

典型工作任务描述

瓷砖镶贴是指通过指定的图纸，对瓷砖进行放样、下料、切割后在指定区域建筑表面进行镶贴的施工作业。在建筑装饰装修项目中，需要根据不同的部位进行瓷砖镶贴作业，以达到建筑装饰装修铺装项目要求。瓷砖镶贴主要包括墙面镶贴、地面镶贴、柱体阴阳角镶贴、窗台瓷砖镶贴等工作任务。

镶贴工从工程项目部接受瓷砖镶贴任务，阅读工作任务书，查阅瓷砖镶贴施工手册和相关施工图纸，明确镶贴工艺和方法；通过独立或合作方式，按照施工技术负责人的技术交底以及与其他工种交接配合情况，制定相应的瓷砖镶贴工艺方案；查看施工现场瓷砖及切割设备是否满足安全规范要求，修订镶贴工艺方案，按照施工图和镶贴工艺方案进行瓷砖镶贴施工；完成后根据作业规范对瓷砖镶贴工程进行自检、互检，对下一道工序进行交接检查并做好记录，向工程项目部反馈并存档。

实施瓷砖镶贴过程中，应严格遵守《住宅装饰装修工程施工规范》（GB 50327—2001）、《建筑装饰装修工程质量验收标准》（GB 50210—2018）、《世界技能标准规范》（WSSS）等相关标准及企业安全规范，并按"7S"现场管理制度要求管理施工现场。

工作内容分析

工作对象：	工具、材料、设备与资料：	工作要求：
1. 领取任务书，获取工作内容与要求，与工程部等相关人员沟通； 2. 制订工作计划，提交与确认施工方案，准备工具、材料； 3. 实施施工方案（基层处理、贴饼冲筋、底层抹灰、弹线排砖、选	工具：水平尺、铝合金靠尺、墨斗、橡皮锤、木抹子、铁抹子、大桶、小水桶等； 材料：釉面砖、硅酸盐水泥、瓷砖填缝剂、沙子、石灰膏、生石灰粉等； 设备：红外线水准仪、冲击钻、云石机、电动搅拌器、瓷砖切割机等；	1. 根据任务单的要求识读施工图纸，完成技术交底，明确工作内容和工期要求； 2. 根据《住宅装饰装修工程施工规范》（GB 50327—2001）、《建筑装饰装修工程质量验收标准》（GB 50210—2018）等规范制定合理可行的施工方案，根据施工图纸及施工合同的要求，将施工方案向项目经理和甲方汇报，进一步确定施工方案，做好施工准备；

砖浸砖、面砖粘贴、勾缝擦缝等）； 4. 施工工程自检和调整，清理现场； 5. 成品交付与验收，填写、整理相关记录并存档。	资料：设计施工图纸、施工合同、《建筑装饰装修工程质量验收标准》（GB 50210—2018）、《住宅装饰装修工程施工规范》（GB 50327—2001）、《建筑施工安全检查标准》（JGJ 59—2011）、《建筑装饰装修工程成品保护技术标准》（JGJ/T 427—2018）等。 **工作方法：** 3W2H 沟通法、进度管理甘特图法、现场放样法、过程质量检验法、放样切割法、瓦刀抹灰法、薄贴法、框架式镶贴法、协同工作法、流水作业法、复尺法、全面检查法、经验归纳法。 **劳动组织方式：** 以小组合作形式施工。施工员从项目经理处领取工作任务单，与项目部沟通，明确施工时间和要求，制订工作计划，到仓库领取专用工具和材料，完成施工任务后自检，并交付验收。	3. 根据施工图纸、施工方案、技术规范，选择使用相应的工具设备，加工制作以瓷砖材料为主的装饰材料，在工作中要注意按照施工部位结合图纸要求与场地情况，运用多种施工方法，施工过程中按"7S"现场管理制度要求进行现场施工与管理，各环节施工工艺应符合《住宅装饰装修工程施工规范》（GB 50327—2001）的要求，立面垂直度、表面平整度等均应符合《建筑装饰装修工程质量验收标准》（GB 50210—2018）的要求； 4. 依据《建筑装饰装修工程质量验收标准》（GB 50210—2018）进行施工后自检，确保表面平整度、接缝、压条直线度、接缝高低差等符合相应的要求，按《建筑与市政施工现场安全卫生与职业健康通用规范》（GB 55034—2022）的要求进行现场清理工作； 5. 根据《建筑装饰装修工程质量验收标准》（GB 50210—2018）填写、整理、存档工程质量、工期等工作记录，要求内容准确，客观，并按企业要求交付验收。

课程目标

学习完本课程后，学生应当能够胜任镶贴工相关工作，明确镶贴工操作的流程和规范，能严格遵守镶贴工的职业道德，在教师指导下完成墙面镶贴、地面镶贴、柱体阴阳角镶贴、窗台瓷砖镶贴等工作任务。

1. 能读懂工作任务单，明确瓷砖镶贴工作内容及要求。

2. 能与施工负责人和仓库管理员等相关人员进行专业沟通，确定瓷砖镶贴工艺方案，并能进行施工作业前的准备工作。

3. 能正确使用镶贴施工所需的瓷砖、瓷砖胶、嵌缝剂、工量具和设备。

4. 能按瓷砖镶贴的工艺文件，在施工负责人指导下，安全、规范地完成瓷砖镶贴任务，并填写施工记录单。

5. 能根据瓷砖镶贴的施工图、工艺文件要求，按镶贴工程施工质量验收标准及世界技能大赛标准进行质量检验，在记录单上填写自检结果、改进建议等信息并签字确认后交付班组长检验。

6. 能展示瓷砖镶贴的技术要点，总结工作经验，分析不足，提出改进措施。

7. 能填写并整理施工技术文件。

学习内容

本课程的主要学习内容包括：

一、获取信息，明确任务

实践知识：3W2H 沟通法、STAR 表达法的运用，任务单的阅读分析，施工信息和技术要求的获取，瓷砖镶贴工程施工图纸和施工说明的识读等。

理论知识：瓷砖镶贴工程任务单和装饰施工图的内容，瓷砖镶贴工程施工的技术流程，施工说明的主要内容，各项经济技术指标的概念。

二、学习任务计划的制订和准备

实践知识：施工现场管理法、数据分析法、经验判断法、施工顺序检查法的运用，瓷砖镶贴工程施工方案的制定，施工工具清单的罗列，材料的检查，领用单的填写，防护用品的选用，瓷砖、瓷砖胶、泡沫砖、填缝剂等施工相关材料的认识，手工工具（抹刀、托灰板、小铲刀、锯齿抹子、三角板、记号笔、玻璃刀、十字卡、瓷砖钳、橡皮锤、泡沫砖手锯、砂纸）、测量工具（卷尺、水平尺、铝合金杆、钢尺、直角尺、阶梯塞尺）、机械设备（瓷砖切割线锯、手提锯、搅拌钻）等的使用，机具的维护及保养，施工现场环境的布局，《住宅装饰装修工程施工规范》（GB 50327—2001）、《建筑装饰装修工程质量验收标准》（GB 50210—2018）、《世界技能标准规范》（WSSS）等相关标准的应用。

理论知识：墙面镶贴、地面镶贴、柱体阴阳角镶贴、窗台瓷砖镶贴的施工流程与技术要点，瓷砖镶贴工程施工机具的使用说明，瓷砖镶贴工程施工材料的使用规格及标准，瓷砖镶贴工程施工的安全防护措施，瓷砖镶贴工程施工准备与资源配置原则。

三、学习任务的施工

实践知识：放样切割法、瓦刀抹灰法、薄贴法、框架式镶贴法的运用，基层处理、瓷砖下料、瓷砖放样、瓷砖切割、瓷砖胶搅拌、瓷砖组贴的操作，《住宅装饰装修工程施工规范》（GB 50327—2001）、《建筑装饰装修工程质量验收标准》（GB 50210—2018）、《世界技能标准规范》（WSSS）等的相关标准及企业安全规范的应用。

理论知识：瓷砖镶贴工程施工材料的产品性能、特点和施工工艺，瓷砖镶贴施工流程、规范及工艺，墙面镶贴、地面镶贴、柱体阴阳角镶贴、窗台瓷砖镶贴的技术标准和质量验收标准，瓷砖镶贴（瓦工）从业人员的职业技能评价规范，瓷砖镶贴的常见问题及解决对策。

四、学习任务质量检测

实践知识：复尺法的运用，尺寸的检测，数据的登记、分数的统计，工具及材料的整理，现场的清理，《建筑装饰装修工程质量验收标准》（GB 50210—2018）中墙面镶贴、地面镶贴、柱体阴阳角镶贴、窗台瓷砖镶贴等条款的应用。

理论知识：墙面镶贴、地面镶贴、柱体阴阳角镶贴、窗台瓷砖镶贴质量及尺寸验收允许偏差和验收规范，瓷砖镶贴工的职业技能规范及要求。

五、学习任务的交付与验收

实践知识：经验归纳法、KISS 复盘法、重点检查法的运用，墙面镶贴、地面镶贴、柱体阴阳角镶贴、窗台瓷砖镶贴的交付与验收，墙面镶贴、地面镶贴、柱体阴阳角镶贴、窗台瓷砖镶贴验收单和记录单的填写，墙面镶贴、地面镶贴、柱体阴阳角镶贴、窗台瓷砖镶贴资料的填写与归档。

理论知识：瓷砖镶贴的验收流程及规范，瓷砖镶贴的交付作业要求及规范。

六、通用能力、职业素养、思政素养

自主学习、自我管理、信息检索、理解与表达、交往与合作、创新思维、解决问题等通用能力，安全意识、质量意识、规范意识、效率意识、成本意识、环保意识、市场意识、服务意识等职业素养，以及劳模精神、劳动精神、工匠精神等思政素养。

参考性学习任务

序号	名称	学习任务描述	参考学时
1	墙面镶贴	某小区别墅装修施工，需要对墙面进行瓷砖镶贴施工。 镶贴工从工程项目部领取墙面镶贴施工图和任务书，通过阅读任务书，查看施工现场，了解施工墙面条件，明确任务要求；查阅镶贴工艺文件，根据施工图纸，确定镶贴形式及精度要求，制订墙面镶贴施工方案；领取所需材料，确定墙面电线盒和水管开孔位置，准备所需切割机和其他设备，进行瓷砖下料、瓷砖放样、瓷砖切割、瓷砖胶搅拌、瓷砖组贴，并对基础墙面进行自检和互检，镶贴精度超出 1 mm 的须修正；再实施抹嵌缝剂、勾缝作业，完成墙面镶贴后形成记录，向工程项目部反馈并存档，最后将所有技术文档上交项目经理。	25
2	地面镶贴	某小区别墅装修施工，需要对地面进行瓷砖镶贴施工。 镶贴工从工程项目部领取地面镶贴施工图和任务书，通过阅读任务书，查看施工现场，了解施工地面条件，明确任务要求；查阅镶贴工艺文件，根据施工图纸，确定镶贴形式及精度要求，制订地面镶贴施工方案；领取所需材料，确定地面下水管位置以及下水坡度要求，准备所需切割机和其他设备，进行瓷砖下料、瓷砖放样、瓷砖切割、瓷砖胶搅拌、瓷砖组贴，并对基础地面进行自检和互检，镶贴精度超出 1 mm 的须修正；再实施抹嵌缝剂、勾缝作业，完成地面镶贴后形成记录，向工程项目部反馈并存档，最后将所有技术文档上交项目经理。	25
3	柱体阴阳角镶贴	某小区别墅装修施工，需要对房屋柱体阴阳角进行瓷砖镶贴施工。 镶贴工从工程项目部领取柱体阴阳角镶贴施工图和任务书，通过阅读任务书，查看施工现场，了解施工柱体阴阳角条件，明确任务要求；查阅镶贴工艺文件，根据施工图纸，确定镶贴形式及精度要求，制订柱体阴阳角镶贴施工方案；领取所需材料，确定柱体阴阳角处理办法（瓷砖直接拼接，用塑料、金属等材质的收边条收边，用瓷砖专用转角收边），准备所需切割机和其他设备，进行瓷砖下料、瓷砖放样、瓷砖切割、瓷砖胶搅拌、瓷砖组贴，并对柱体阴阳角进行自检和互检，镶贴精度超出 1 mm 的须修正；再实施抹嵌缝剂、勾缝作业，完成柱体	25

3	柱体阴阳角镶贴	阴阳角镶贴后形成记录,向工程项目部反馈并存档,最后将所有技术文档上交项目经理。	
4	窗台瓷砖镶贴	某小区别墅装修施工,需要对卧室窗台(飘窗)进行瓷砖镶贴施工。 镶贴工从工程项目部领取卧室窗台(飘窗)镶贴施工图和任务书,通过阅读任务书,查看施工现场,了解施工窗台(飘窗)条件,明确任务要求;查阅镶贴工艺文件,根据施工图纸,确定镶贴形式及精度要求,制订窗台(飘窗)瓷砖镶贴施工方案;领取所需材料,确定窗台(飘窗)处理办法(瓷砖直接拼接、大理石),准备所需切割机和其他设备,进行瓷砖下料、瓷砖放样、瓷砖切割、瓷砖胶搅拌、瓷砖组贴,并对窗台(飘窗)进行自检和互检,镶贴精度超出 1 mm 的须修正;再实施抹嵌缝剂、勾缝作业,完成窗台(飘窗)瓷砖镶贴后形成记录,向工程项目部反馈并存档,最后将所有技术文档上交项目经理。	25

教学实施建议

1. 教学组织方式与建议

采用行动导向的教学方法,为确保教学安全,提高教学效果,建议学生分组或单独进行实际工作。在完成工作任务的过程中,教师须加强示范与指导,注重学生职业素养和规范操作意识的培养。

2. 教学资源配备建议

(1)教学场地

瓷砖镶贴学习工作站须具备良好的安全、照明和通风条件,分为集中教学区、镶贴作业区、材料存放区、资料查询区,成果展示区,并配备相应的多媒体教学设备等。

(2)工具与材料

工具:抹刀、托灰板、小铲刀、锯齿抹子、三角板、记号笔、玻璃刀、十字卡、瓷砖钳、橡皮锤、泡沫砖手锯、砂纸等。

材料:瓷砖、瓷砖胶、填缝剂、沙子、泡沫砖、水泥等。

设备:瓷砖切割线锯、手提锯、搅拌钻等。

(3)教学资料

以工作页为主,配备任务书(含配置单)、相关教材、数字化教学资源、装修墙面施工图、地面施工图、柱体阴阳角施工图、窗台(飘窗)施工图、镶贴工艺文件、工作记录单、作业交验单,以及《住宅装饰装修工程施工规范》(GB 50327—2001)、《建筑装饰装修工程质量验收标准》(GB 50210—2018)、《世界技能标准规范》(WSSS)等标准规范。

教学考核要求

采用过程性考核和终结性考核相结合的方式。

1. 过程性考核

采用自我评价、小组评价和教师评价相结合的方式进行考核;让学生学会自我评价,教师要善于观察学生的学习过程，结合学生的自我评价、小组评价进行总评并提出改进建议。

（1）课堂考核：考核出勤、学习态度、课堂纪律、小组合作与展示等情况。

（2）作业考核：考核工作页的完成、课后练习等情况。

（3）阶段考核：书面测试、实操测试、口述测试。

2. 终结性考核

学生根据任务情境中的要求，按照《住宅装饰装修工程施工规范》（GB 50327—2001）、《建筑装饰装修工程质量验收标准》（GB 50210—2018）、《世界技能标准规范》（WSSS），在规定时间内完成装修镶贴任务，达到国家标准规定的质量标准；教师按任务要求进行考核，并提前准备好考核所需的工具、材料、设备和资料等。

考核任务案例：别墅装修柱体阴阳角镶贴。

【情境描述】

某小区别墅装修，现要求在规定时间内完成柱体阴阳角镶贴。

【任务要求】

根据任务的情境描述，在 1 天内完成：

1. 根据瓷砖镶贴施工图纸，列出与施工技术负责人沟通的要点。

2. 查阅柱体阴阳角镶贴工艺文件等资料，写出柱体阴阳角镶贴作业流程。

3. 按照作业流程，在指定地点进行柱体阴阳角镶贴作业，以及自检、互检，同时填写作业记录单。

4. 总结本次工作中遇到的问题，思考其解决方法。

【参考资料】

完成上述任务时，可以使用所有的常见教学资料，如工作页、相关教材、技术手册、工具书、建筑施工图、图集、技术标准、质量规范等。

（十二）施工方案编制与实施课程标准

工学一体化课程名称	施工方案编制与实施	基准学时	280
典型工作任务描述			

施工方案编制与实施是指建筑施工相关从业人员按施工图及相应技术措施要求确定工作标准，了解任务要求，编制施工方案并实施。

施工人员从工程项目部领取任务和施工图纸，查看施工现场环境资料，与业主单位、设计单位、监理单位和工程项目部等机构相关人员进行沟通，了解工程情况，明确工作内容和要求，编制各分部分项施工方案，根据要求审核各施工方案，实施施工方案并进行施工过程控制，评价、反馈、归档。

施工方案编制与实施过程中，应遵守《建筑边坡工程技术规范》（GB 50330—2013）、《砌体结构设计规范》（GB 50003—2011）、《建筑施工组织设计规范》（GB/T 50502—2009）、《建筑工程施工质量验收统一标准》（GB 50300—2013）等现行标准，按照施工图设计要求、各专项方案技术交底要求等进行施工方案编制与实施。

工作内容分析

工作对象：	工具、设备与资料：	工作要求：
1. 获取信息，明确任务要求； 2. 编制方案； 3. 审核方案； 4. 实施方案； 5. 过程控制； 6. 评价、反馈、归档。	1. 工具：仿真软件、绘图软件（AutoCAD等）、模型、直角尺、丁字尺、直尺等； 2. 设备：制图桌椅、多媒体投影设备、展示台； 3. 资料：任务书、施工图纸、工作页、教材、相关标准等。 **工作方法：** 平法识图方法、方案编制方法、方案审核方法、方案实施方法、施工过程控制方法、任务评价方法、归档方法。 **劳动组织方式：** 按最新规范要求、施工图设计要求、各专项方案技术交底要求，4人一组，从工程项目部领取任务和施工图纸，查看施工现场环境资料，与业主单位、设计单位、监理单位和工程项目部等机构相关人员进行沟通，了解工程情况，明确工作内容和要求，编制各分部分项施工方案，根据要求审核并实施施工方案，进行施工过程控制、评价、反馈、归档。	1. 以小组为单位，按最新规范要求，从工程项目部领取任务和施工图纸，查看施工现场环境资料图设计要求、各专项方案技术交底要求； 2. 与业主单位、设计单位、监理单位和工程项目部等机构相关人员进行沟通，了解工程情况，明确工作内容和要求，填写相关表格； 3. 明确资料的查阅范围及查阅方式，根据工作任务单要求，编制各分部分项施工方案； 4. 根据要求审核各施工方案； 5. 实施施工方案； 6. 进行施工过程控制； 7. 对已完成的工作进行记录、评价、反馈和存档。

课程目标

学习完本课程后，学生应当能够胜任各项施工方案编制与实施的工作任务，养成良好的职业道德，同时也形成较强的学习能力、动手能力、合作能力、创业能力，养成科学的工作模式，工作有思想性、建设性、整体性。在教师指导下完成土石方工程开挖方案编制与实施、基坑工程支护方案编制与实施、砌体工程方案编制与实施、脚手架体系方案编制与实施、模板支撑体系方案编制与实施、混凝土浇筑方案编制与实施、屋面工程方案编制与实施等工作任务。

1. 能依据施工图识读与绘制工作标准，完成施工图纸的阅读、施工平面图的绘制工作，必要时与相关人员进行沟通，了解及明确作业内容和要求，完成施工平面布置图。

2. 能依据建筑测绘工作标准及测量仪器使用工作规范，完成施工现场测绘和复核工作。

3. 能依据各项施工方案，完成施工方案的交底工作。

4. 能依据各工程施工的组织实施工作标准，完成工程施工的组织实施工作。

5. 能依据施工内业资料填写标准，完成施工情况记录、相关技术资料编制工作。

6. 能依据施工成果评价工作标准，完成工程实施质量、工作效率和成本评估工作。

学习内容

本课程的主要学习内容包括：

一、获取信息，明确任务

实践知识：任务书和图纸的识读分析，规范要求、施工图、方案技术交底要求等施工信息和技术要求的获取，相关资料的查阅与信息的整理，网络信息查询方法和信息管理方法的运用。

理论知识：任务书中图纸的内容，分部分项工程施工的技术流程，施工方案的含义、特点、内容及各项经济技术指标的概念，相关法律条款的内容。

二、学习任务计划的制订和准备

实践知识：施工现场环境资料管理法、统计分析法、经验判断法、施工顺序检查法的运用，方案编制工作内容和要求的明确，编制工具清单的罗列，仿真软件、绘图软件的检查，模型与量具的选用，仿真软件、绘图软件、沙盘模型、量具等编制相关工具的学习及实操，《建筑边坡工程技术规范》（GB 50330—2013）、《砌体结构设计规范》（GB 50003—2011）、《建筑施工组织设计规范》（GB/T 50502—2009）、《建筑工程施工质量验收统一标准》（GB 50300—2013）等现行标准的应用。

理论知识：建筑工程施工现场职业健康安全与环境管理的基本知识，建筑工程项目沟通管理（3W2H沟通法、STAR 表达法）的基本知识，建筑施工技术的工艺流程与技术要点，仿真软件、绘图软件、沙盘模型、量具的使用说明。

三、学习任务的执行

实践知识：任务书中经济技术指标、保证措施的检索分析，任务书工程项目不同阶段的设定、分部分项工程的划分、方案编制内容的确定，《建筑边坡工程技术规范》（GB 50330—2013）、《砌体结构设计规范》（GB 50003—2011）、《建筑施工组织设计规范》（GB/T 50502—2009）、《建筑工程施工质量验收统一标准》（GB 50300—2013）等现行标准的应用，不同分部分项工程施工方案的撰写，不同阶段施工平面图的绘制，不同阶段施工现场的测绘和复核，施工方案完成后的评审与交底。

理论知识：施工方案的编制原则及主要内容，施工平面图的绘制，施工现场的测绘和复核，施工方案的评审流程及方式，施工方案交底的常见问题及解决对策。

四、学习任务质量检测

实践知识：对编制内容的自评或者互评，对编制方案采用企业、项目部管理制度流程执行的效果评价，编制过程偶发问题的登记、统计，仿真软件、绘图软件、沙盘模型、量具的整理，成果的收集及评价，《建筑施工组织设计规范》（GB/T 50502—2009）中编制要求、内容等的应用。

理论知识：施工方案的企业管理制度流程、执行效果的评价方法，施工方案的评审方法、要点及要求，施工方案的交底方法、要点及要求。

五、学习任务的交付与验收

实践知识：经验归纳法、KISS 复盘法、重点检查法的运用，施工方案的交付及评审，施工方案评审流程、评审记录、交底记录的填写或打印，施工方案、评审记录、交底记录等相关资料的归档。

理论知识：建筑工程资料管理规程及涉及施工方案的编审规范及要求，施工方案交付应用、评价的要求及规范。

六、通用能力、职业素养、思政素养

自主学习、自我管理、信息检索、理解与表达、交往与合作、创新思维、解决问题等通用能力，安全意识、质量意识、规范意识、效率意识、成本意识、环保意识、市场意识、服务意识等职业素养，以及劳模精神、劳动精神、工匠精神等思政素养。

	参考性学习任务		
序号	名称	学习任务描述	参考学时
1	土石方工程开挖方案编制与实施	某学院实训基地工程将进入土石方工程开挖阶段，施工方要求施工人员对班组进行土石方工程开挖方案交底，并组织实施土石方工程开挖工作。 施工人员从工程项目部领取任务，了解工程情况，进行施工方案交底、施工前工作准备（方案编制）、方案组织实施、施工过程控制和施工质量评估。	40
2	基坑工程支护方案编制与实施	某住宅楼工程基坑工程相关图纸已审核并交底完成，将进入基坑工程施工阶段，现需要施工人员依据施工组织设计和基坑工程支护相关图纸资料，结合工程实际场地情况编制基坑工程支护施工方案，并据此按时完成基坑支护施工，为后续地下室结构施工创造条件。 施工人员从工程项目部获取信息，明确工作内容和要求，编制基坑工程支护施工方案，审核基坑工程支护施工方案，实施基坑工程支护施工方案，评价反馈。	40
3	砌体工程方案编制与实施	某学院实训基地工程正在进行，现场泥水班组即将进场进行填充墙砌体砌筑，项目部要求技术负责人组织相关技术人员根据《砌体结构设计规范》（GB 50003—2011）等现行标准，并结合工程实际情况，编制该砌体工程的施工方案。现工程进入砌体工程施工阶段，施工方要求施工人员对班组进行砌筑工程施工方案交底，并组织实施砌筑工程施工。 施工人员从工程项目部领取任务，了解工程情况，编制、审核并实施施工方案，进行施工过程控制、结果反馈，并将资料归档。	40
4	脚手架体系方案编制与实施	某学院实训基地工程正在进行，根据工程具体情况并考虑安全、实用、施工方便、节省费用等原则，本工程外墙脚手架采用重 48×3.5 扣件式钢管脚手架。项目部要求施工人员根据《建筑施工扣件式钢管脚手架安全技术规范》（JGJ 130—2011）的相关规定，并结合工程实际情况，编制该工程的外脚手架专项施工方案并监督施工班组的脚手架搭设及拆除工作。 施工人员从工程项目部明确任务要求，制订脚手架施工方案编制计划，审核脚手架施工方案编制计划，实施脚手架施工方案编制计划，填写整改通知单并将资料归档。	40

5	模板支撑体系方案编制与实施	某学院实训基地工程正在进行，目前基础工程已经施工完毕，进入主体结构施工阶段，现正进行三层结构柱施工，即将进行三层结构梁板的模板支设工作。项目部要求施工人员按照规范要求编写三层梁模板支撑体系施工方案，并在三层结构梁模板施工过程中进行技术指导与质量控制。 施工人员从工程项目部领取施工图和任务书，明确工作内容和要求，编制、审核、实施施工方案，进行施工过程控制和评价反馈。	40
6	混凝土浇筑方案编制与实施	某学院实训基地工程正在进行，目前工程进行阶段为二层柱、三层梁板浇筑阶段，柱梁板结构相关图纸已审核并交底完成，为保证施工班组成员浇筑柱梁板混凝土不出差错，确保能正确编制该项施工方案并按照要方案的要求进行混凝土浇筑，项目经理要求施工人员依据该工程的施工组织设计、结合工程实际场地情况编制混凝土浇筑施工方案并据此按时完成三层梁板混凝土浇筑施工。 施工人员从工程项目部获取混凝土浇筑方案编制信息，编制、审核并实施混凝土浇筑方案，进行施工过程控制和评价反馈。	40
7	屋面工程方案编制与实施	某学校家属楼工程正在进行，现场四通一平，施工条件已基本具备。施工组织总设计已编制完成，但某些专项施工方案需要细化。屋面工程施工方案作为一项重要的施工方案，亟待编制。除施工组织总设计之外，还可以参考的规范主要有施工图、《建筑施工组织设计规范》（GB/T 50502—2009）、《建筑工程施工质量验收统一标准》（GB 50300—2013）等。编制的方案须结合施工工艺，突出重难点，具有显著的指导作用。学校家属楼裙房除地下室外以商用为主，裙房屋面为种植屋面，有屋顶花园。该方案的编辑必须与种植屋面相适应，兼具施工工艺工法、施工重难点、功能层划分、材料使用、人员安排、工具仪器与设备使用等，注重屋面功能的发挥，如保温、隔热、防水、抗冻、隔声等，更要注重控制质量、保证安全和节省成本。施工人员需要协助技术负责人编制种植屋面工程的施工方案，并随着施工的进行不断更新与修订，满足一般施工要求。 施工人员从工程项目部明确要求，形成施工方案框架，按一线人员的意见优化方案框架，向方案审定人提交方案形成正式件，按方案框架做细化、扩充，并进行方案编辑成果反馈。	40

教学实施建议

1. 教学组织方式与建议

针对本课程专业性和综合性强的特点，通过一体化教学模式，让学生在课堂中以任务为导向，模拟工作现场进行自主学习，从而既培养了学生自主性、探索性学习能力，加深了对理论知识的学习，又进行了实践操作，培养了解决实际问题的能力。在课堂教学过程中要准备充足、详尽的学习任务资料，部分环节需要设置角色演绎情节，课堂将根据不同学习任务，针对学生特点，灵活运用多种教学方法，引导学生积极思考，乐于实践，努力提高教学效果。

2. 教学资源配备建议

（1）教学场地

建议配置施工方案编制与实施实训室，并配备制图桌椅、多媒体投影设备、展示台、仿真软件、绘图软件（AutoCAD 等）、模型等。

（2）工具与材料

绘图板、科学计算器。

（3）教学资料

各相关施工图纸、任务书、工作页、教材、相关标准。

教学考核要求

采用过程性考核和终结性考核相结合的方式。

1. 过程性考核

采用自我评价、小组评价和教师评价相结合的方式进行考核；让学生学会自我评价，教师要善于观察学生的学习过程，参照学生的自我评价、小组评价进行总评并提出改进建议。

（1）课堂考核：考核出勤、学习态度、课堂纪律，小组合作与展示等情况。

（2）作业考核：考核工作页的完成、课后练习等情况。

（3）阶段考核：实操测试。

2. 终结性考核

考核任务案例：某人才公寓工程施工方案编制与实施。

【情境描述】

某人才公寓工程低层楼面已完成，按照计划将进行填充墙砌体砌筑，项目部要求技术负责人组织相关技术人员根据《砌体结构设计规范》（GB 50003—2011）等规范要求，并结合工程实际情况，编制该砌体工程的施工方案，并在工程施工阶段对班组进行砌筑工程施工方案交底，组织实施砌筑工程施工。

【任务要求】

学生根据现行标准要求、施工图设计要求、各专项方案技术交底要求，4 人一组，从工程项目部领取任务和施工图纸，查看施工现场环境资料，与业主单位、设计单位、监理单位和工程项目部等机构相关人员进行沟通，了解工程情况，明确工作内容和要求，编制各分部分项施工方案，根据要求审核并实施施工方案，进行施工过程控制，并评价、反馈、归档。教师根据学生在规定时间内完成的比例、施工方案编制与实施的规范性和准确率进行评分。

【参考资料】

完成上述任务时，可以使用所有的常见教学资料，如工作页、教材、标准、个人笔记等。

（十三）施工过程安全检查课程标准

工学一体化课程名称	施工过程安全检查	基准学时	100

典型工作任务描述

施工过程安全是指建筑工程施工作业过程中的安全生产问题，主要包括脚手架和模板支撑体系安全、高处作业安全、特种设备安全、施工用电安全、基坑工程安全等。

安全管理人员进行安全检查，是施工过程中消除事故隐患、预防事故发生、保证安全生产的必要手段。

安全管理人员从工程项目部领取施工任务书、施工方案和施工图纸，查看施工现场工作环境；参与安全技术交底，阅读施工安全检查计划，明确安全检查的项目及流程；施工作业过程中，检查施工作业人员、材料与设备、施工作业现场；填写施工安全检查记录，对施工现场存在的安全隐患问题及时提出整改措施，并督促作业班组进行整改，整改后进行复查验收；将安全检查结果反馈工程项目部。

作业过程中，应遵守《建设工程安全生产管理条例》和《建筑施工安全检查标准》（JGJ 59—2011）等现行法规、标准和安全技术规范，按照经审批的施工方案进行安全生产检查。

工作内容分析

工作对象：	工具、设备与资料：	工作要求：
1. 领取施工任务书、施工方案和施工图纸，查看现场工作环境； 2. 参与安全技术交底，阅读施工安全检查计划，明确安全检查的项目、流程和规范； 3. 准备检查用工量具、设备和资料，与作业人员、班组长等相关人员沟通，实施作业人员检查、材料与设备检查和作业现场检查，填写安全检查记录表； 4. 整理安全检查记录表，填写安全检查评分表和安全隐患整改通知单，提出整改措施，督促整改并进行复查；	1. 工具：量具（如钢卷尺、皮尺）、扭力矩扳手、线锤、游标卡尺、千分尺； 2. 设备：漏电保护器测试仪、兆欧表、接地电阻测试仪、经纬仪； 3. 资料：施工任务书、施工方案、施工图纸、安全技术交底表、施工安全检查计划、《建筑施工安全检查标准》（JGJ 59—2011）、相关安全技术规程、安全检查记录表、安全检查评分表、安全隐患整改通知单。 **工作方法：** 听、问、看、量、测、试运转。 **劳动组织方式：** 以独立或小组合作的方式进行。从工程项目部获取工作任务，与作业班组负责人沟通明确工作计划，必要时与班组	1. 读懂施工任务书、施工方案和施工图，明确安全检查内容和要求； 2. 参与安全技术交底并记录关键内容，查阅《建筑施工安全检查标准》（JGJ 59—2011）和相关安全技术规范，明确安全检查的项目、流程和规范； 3. 按《建筑施工安全检查标准》（JGJ 59—2011）和相关安全技术规范实施检查，填写安全检查记录表； 4. 根据安全检查评分表确定安全隐患整改内容、整改措施合理可行，整改后进行

5. 将安全检查结果反馈至项目部，将安全资料归档。	作业人员沟通，施工过程中进行安全检查，任务完成后向工程项目部反馈。	复查，整改前后取证； 　5. 将安全检查情况反馈至项目部，将安全资料按要求归档。

课程目标

　　学习完本课程后，学生应当能够胜任施工现场安全检查工作，明确安全检查的项目、流程和规范，能严格遵守安全管理人员的职业道德，在教师指导下完成脚手架和模板支撑体系安全检查、高处作业安全检查、特种设备安全检查、施工用电安全检查、基坑工程安全检查等工作任务。

　　1. 能根据施工图纸和施工方案，必要时与相关人员进行沟通，明确施工过程安全检查的内容和要求。

　　2. 能准确查阅相关安全技术规范，正确列出安全检查的内容、方法与规范，记录相关技术标准。

　　3. 能按要求对施工作业人员、材料与设备、施工作业现场进行规范检查。

　　4. 能按照《建筑施工安全检查标准》（JGJ 59—2011），对施工现场的脚手架和模板支撑体系、高处作业、特种设备、施工用电和基坑工程等进行安全检查，严格执行现行安全技术规范的规定，填写施工安全检查记录。

学习内容

　　一、获取信息，明确任务

　　实践知识：任务单的阅读分析，施工过程安全检查任务信息的提取，施工过程安全检查要点的获取，安全技术施工方案及安全技术交底的识读。

　　理论知识：各项施工过程安全检查项目的基本概念，针对脚手架、模板支撑架、高处作业、特种设备、临时用电、基坑工程等工作的施工过程安全检查的具体工作内容，安全制度、措施、防护、设备设施、教育培训、操作行为、劳动防护用品使用等各项具体内容的检查标准。

　　二、过程安全检查任务的分析和制定

　　实践知识：《建筑施工安全检查标准》（JGJ 59—2011）的具体应用，现场施工具体阶段及当前阶段特征的分析，针对性施工过程安全检查方法的选取。

　　理论知识：《施工脚手架通用规范》（GB 55023—2022）、《建筑施工高处作业安全技术规范》（JGJ 80—2016）、《施工现场临时用电安全技术规范》（JGJ 46—2005）、《建设工程施工现场供用电安全规范》（GB 50194—2014）、《建筑深基坑工程施工安全技术规范》（JGJ 311—2013）、《建筑施工安全检查标准》（JGJ 59—2011）等现行标准的具体内容。

　　三、过程安全检查任务的实施

　　实践知识：扣件式钢管脚手架、满堂脚手架、悬挑式脚手架、模板支撑架的主要组成、构造要求、搭设与拆除要求，及脚手架工程安全检查要求；高处作业防护用具——安全帽、安全带、密目式安全网的种类、性能、使用、检验、管理规则，及高处作业安全检查要求；特种设备（包括塔式起重机、施工升降机和物料提升机）的安装、拆卸、安全使用规定，及特种设备安全检查要求；施工现场临时用电供配电系统的结构和设置，基本保护系统的组成及设置规则，接地装置及设置规则，配电箱的箱体结构、电气配置与接线规则及配电装置的使用与维护要求，配电线路设置的一般规定及敷设规则，外电线路的防护措施，防雷措施，施工现场临时用电安全检查要求；基坑工程施工操作安全措施，基坑降排水的操作，基坑工程监测要点，基坑工程安全检查的操作。

理论知识：扣件式钢管脚手架、满堂脚手架、悬挑式脚手架、模板支撑架的安全检查内容及方法；高处作业的定义、分级及标记，高处作业安全防护设施检查的内容及方法；特种设备的主要机构、安全保护装置，特种设备安全检查的内容及方法；施工现场临时用电的基本原则，施工用电安全检查的内容及方法；基坑工程施工操作安全措施，基坑工程安全检查的内容及方法。

四、过程安全检查任务的验收

实践知识：检查评分表的填写，安全隐患整改通知单的填写，施工日常安全检查记录的填写。

理论知识：保证项目和一般项目的区别，安全检查评分各分项表的填写及计算方法，安全检查评分汇总表的填写及计算方法，安全检查等级的评定方法。

五、过程安全检查任务材料的整理归档

实践知识：安全检查记录表的整理，安全隐患整改单回复的签收和复检。

理论知识：安全检查资料的归档要求，档案资料的检索分类方式。

六、通用能力、职业素养、思政素养

自主学习、自我管理、信息检索、理解与表达、交往与合作、创新思维、解决问题等通用能力，安全意识、质量意识、规范意识、效率意识、成本意识、环保意识、市场意识、服务意识等职业素养，以及劳模精神、劳动精神、工匠精神等思政素养。

参考性学习任务

序号	名称	学习任务描述	参考学时
1	脚手架和模板支撑体系安全检查	某建筑工程主体结构施工阶段，负责项目管理的安全及技术人员已完成安全施工技术交底，外墙脚手架和梁、板、柱模板支撑体系搭拆过程中，需要进行安全检查。 安全管理人员从工程项目部领取施工任务书，明确工作时间和要求；查看施工现场，检查作业人员、设备和材料；根据相关安全技术规范要求，对施工现场作业过程是否符合安全标准和规定进行检查，填写施工安全检查记录，针对施工现场存在的安全隐患问题，填写施工现场事故隐患处理表，及时提出改进措施，督促实施并对改进后的设施进行检查验收，对不改进的，提出处置意见，并报项目负责人处理。	20
2	高处作业安全检查	某建筑工程施工阶段，负责项目管理的安全及技术人员已完成安全施工技术交底，施工过程中，需要进行高处作业安全检查。 安全管理人员从工程项目部领取施工任务书，明确工作时间和要求；查看施工现场，检查高处作业安全，包括安全帽、安全网、安全带、临边防护、洞口防护、通道口防护、攀登作业、悬空作业、移动式操作平台、悬挑式物料钢平台等；根据相关安全技术标准、	20

2	高处作业安全检查	规范要求，对施工现场高处作业是否符合安全标准和规定进行检查，填写施工安全检查记录，针对施工现场存在的安全隐患问题，填写施工现场事故隐患处理表，及时提出改进措施，督促实施并对改进后的设施进行检查验收，对不改进的，提出处置意见，并报项目负责人处理。	
3	特种设备安全检查	某建筑工程施工阶段，塔式起重机、施工升降机等特种设备安装、拆卸前，负责项目管理的安全及技术人员已完成安全施工技术交底，在特种设备的安装、拆卸和使用过程中，需要对特种设备进行安全检查。 安全管理人员从工程项目部领取施工任务书，明确工作时间和要求；查看施工现场，在特种设备的安装、拆卸和使用过程中，根据相关安全技术标准、规范要求，对施工现场特种设备是否符合安全标准和规定进行检查，填写施工安全检查记录，针对施工现场存在的安全隐患问题，填写施工现场事故隐患处理表，及时提出改进措施，督促实施并对改进后的设施进行检查验收，对不改进的，提出处置意见，并报项目负责人处理。	20
4	施工用电安全检查	某建筑工程施工阶段，施工现场临时用电施工，负责项目管理的安全及技术人员已完成安全施工技术交底，在用电设备使用过程中，需要对施工用电进行安全检查。 安全管理人员从工程项目部领取施工任务书，明确工作时间和要求；查看施工现场，检查施工用电安全，包括接地与接零、配电箱防护、线路绝缘性、配电箱分级等；根据国家标准《建设工程施工现场供用电安全规范》（GB 50194—2014）和行业标准《施工现场临时用电安全技术规范》（JGJ 46—2005）的规定，对施工现场临时用电是否符合安全标准和规定进行检查，填写施工安全检查记录，针对施工现场存在的安全隐患问题，填写施工现场事故隐患处理表，及时提出改进措施，督促实施并对改进后的设施进行检查验收，对不改进的，提出处置意见，并报项目负责人处理。	20
5	基坑工程安全检查	某建筑工程基础施工阶段，负责项目管理的安全及技术人员已完成安全施工技术交底，基坑施工过程中，需要进行基坑工程安全检查。 安全管理人员从工程项目部领取施工任务书，明确工作时间和要求；查看施工现场，检查基坑工程安全，包括基坑支护、降排水、基坑开挖、安全防护等；根据相关安全技术标准、规范要求，对基坑工程作业是否符合安全标准和规定进行检查，填写施工安全检查	20

| 5 | 基坑工程安全检查 | 记录，针对施工现场存在的安全隐患问题，填写施工现场事故隐患处理表，及时提出改进措施，督促实施并对改进后的设施进行检查验收，对不改进的，提出处置意见，并报项目负责人处理。 | |

教学实施建议

1. 教学组织方式与建议

建议在真实工作情境或模拟工作情境下运用行动导向教学理念实施教学，采取 2 ~ 3 人 / 组的分组教学形式，学习和工作过程中注重学生职业素养的培养。

2. 教学资源配备建议

（1）教学场地

建议配置建筑技术实训室，实训室须具备良好的照明和通风条件，分为集中教学区、分组实训区、信息检索区、资料存放区、成果展示区，并配备多媒体教学设备、仿真软件、实物、模型等。

（2）工具与材料

建议按小组配备量具（如钢卷尺、皮尺）、漏电保护器测试仪、兆欧表、接地电阻测试仪、经纬仪、扭力矩扳手、线锤、游标卡尺、千分尺等。

（3）教学资料

建议教师课前准备任务书（含配置单）、图纸、工作页、《施工脚手架通用规范》（GB 55023—2022）、《建筑施工安全检查标准》（JGJ 59—2011）、安全检查评分表、安全检查记录表等。

教学考核要求

采用过程性考核和终结性考核相结合的方式。

1. 过程性考核

采用自我评价、小组评价和教师评价相结合的方式进行考核；让学生学会自我评价，教师要善于观察学生的学习过程，参照学生的自我评价、小组评价进行总评并提出改进建议。

（1）课堂考核：出勤、学习态度、课堂纪律，小组合作与展示等情况。

（2）作业考核：工作页的完成、课后练习等情况。

（3）阶段考核：实操测试、口述测试。

2. 终结性考核

学生根据任务情境中的要求，制订施工过程安全检查方案，按照《建筑施工安全检查标准》（JGJ 59—2011），在规定时间内对施工现场安全进行检查，完成施工日常安全检查记录表和建筑施工安全检查评分表的填写，撰写安全检查报告。

考核任务案例：某办公楼工程外脚手架和模板支撑架、高处作业、施工用电安全检查。

【情境描述】

某办公楼工程建筑面积为 3 232.71 m²，层数为 6 层，建筑高度为 22.9 m，结构类型为钢筋混凝土框架结构。工程进行主体阶段施工，现已完成四层柱的混凝土浇筑，正在进行五层梁板模板的施工。在对工程进行安全检查时，发现外脚手架和模板支撑架、高处作业、施工用电等存在安全隐患，进行了取证。

【任务要求】

请根据任务的情境描述，在规定的时间内，分别完成外脚手架和模板支撑架、高处作业、施工用电安全检查：

1. 按照现行安全技术规范、检查标准，完成外脚手架和模板支撑架安全检查方案要点描述。

2. 按照现行安全技术规范、检查标准，完成高处作业安全检查方案的要点描述。

3. 按照现行安全技术规范、检查标准，完成施工用电安全检查方案的要点描述。

4. 根据取证材料，对现场安全检查存在的隐患签发安全隐患整改通知单。

5. 针对施工现场存在的安全隐患制定整改措施。

【参考资料】

完成上述任务时，可以使用所有的常见教学资料，如工作页、教材、规范、标准、笔记等。

（十四）钢筋制作与安装课程标准

工学一体化课程名称	钢筋制作与安装	基准学时	100

典型工作任务描述

钢筋制作与安装是指使用工具及机械对钢筋进行除锈、调直、连接、切断、成型、安装钢筋骨架的施工作业。在实施钢筋制作与安装施工作业时，需要根据图纸进行钢筋的选择与下料，并注意构件之间的锚固与连接，以达到建筑施工项目要求。钢筋制作与安装主要包括独立基础钢筋制作与安装、柱钢筋制作与安装、梁钢筋制作与安装、板钢筋制作与安装、墙钢筋制作与安装、楼梯钢筋制作与安装等工作任务。

钢筋工从工程项目部接受钢筋制作与安装任务，阅读工作任务书，查阅相关钢筋施工手册、图集和施工图纸，明确钢筋下料计算及绑扎流程；通过独立或合作方式，按照施工技术负责人的技术交底以及与其他工种交接配合情况，制定相应的钢筋工程施工方案；查看施工现场钢筋及加工设备是否满足安全规范要求，按照施工图和钢筋工程施工方案，识读图纸，完成钢筋放样及下料单制作，进行钢筋制作与安装；完成后根据施工规范对钢筋网片及骨架进行自检、互检，并对下一道工序的交接检查并做好记录，向工程项目部反馈并存档。

实施钢筋制作与安装过程中，应遵守《混凝土结构工程施工规范》（GB 50666—2011）、《混凝土结构施工图平面整体表示方法制图规则和构造详图》（22G101）、《世界技能标准规范》（WSSS）等现行标准、图集及企业安全规范，并按"7S"现场管理制度要求管理施工现场，完成后按照《混凝土结构工程施工质量验收规范》（GB 50204—2015）进行验收。

工作内容分析

工作对象：	工具、材料、设备与资料：	工作要求：
1. 阅读分析任务单；	工具：手动钢筋剪、液压钢筋剪、手动钢筋弯曲机、扎丝钩、卷尺、钢筋绑扎支架等；	1. 根据任务单的要求识读施工图纸和完成技术交底，明确工作内容和工期要求；
2. 查阅相关资料，制订工	材料：不同尺寸型号的钢筋若干、扎丝	2. 根据任务书、施工图纸、相应规范等，制订合理可行的施工工作计划；

作计划; 3. 准备工具、材料,确认防护用具; 4. 实施施工方案(编制钢筋下料单、钢筋下料加工、构件钢筋安装、成品检验等); 5. 施工后进行自检,清理现场; 6. 填写记录单,项目交付与验收。	若干、不同型号的机械连接套筒若干; 设备:钢筋切断机、钢筋调直机、箍筋弯曲机、钢筋滚丝机; 资料:相关施工图纸、《混凝土结构工程施工规范》(GB 50666—2011)、《混凝土结构工程施工质量验收规范》(GB 50204—2015)、《混凝土结构施工图平面整体表示方法制图规则和构造详图》(22G101)等。 **工作方法:** 技术交底法、3W2H沟通法、全面检查法、进度管理甘特图法。 **劳动组织方式:** 以小组合作形式进行施工。从项目经理处领取任务,与项目经理、业主进一步有效沟通,明确施工时间和要求,制订工作计划,组建施工小组,明确分工,到仓库领取专用工具和材料,完成施工任务后自检,并交付验收。	3. 根据任务单和施工图纸,领取和检查施工工具和材料,做好安全防护措施和机具维护保养工作,确保现场施工安全,做好施工准备; 4. 根据施工图纸、施工方案、技术规范,选择使用相应的手动及电动工具设备,施工过程中,依"7S"现场管理制度要求进行现场施工与管理,各环节施工工艺要求(钢筋下料加工、钢筋连接、钢筋安装绑扎等)均应符合相关规范要求; 5. 依据《混凝土结构工程施工质量验收规范》(GB 50204—2015),进行施工后的自检及成品验收,确保施工整体质量符合相应的要求,按要求整理归档施工过程资料及填写任务验收单,遵守《建筑与市政施工现场安全卫生与职业健康通用规范》(GB 55034—2022),进行现场清理工作。

课程目标

学习完本课程后,学生应当能够胜任钢筋工相关工作,明确钢筋工操作的流程和规范,能严格遵守钢筋工的职业道德,在教师指导下完成独立基础钢筋制作与安装、柱钢筋制作与安装、梁钢筋制作与安装、板钢筋制作与安装、墙钢筋制作与安装、楼梯钢筋制作与安装等工作任务。

1. 能根据《混凝土结构工程施工规范》(GB 50666—2011)、《混凝土结构施工图平面整体表示方法制图规则和构造详图》(22G101)等现行标准和图集,识读施工图。

2. 能根据独立基础、柱、梁、板、墙、常见楼梯的施工图确定钢筋大样图、下料单、钢筋绑扎工序。

3. 能正确使用钢筋加工、钢筋安装相关的工量具以及设备。

4. 能判断并确定钢筋牌号、加工机械及钢筋连接机械种类。

5. 能根据我国和世界技能大赛相关规范进行自检和互检。

6. 能填写并整理施工技术文件。

学习内容

本课程的主要学习内容包括:

一、任务单的领取

实践知识:技术交底法、3W2H沟通法的运用。

理论知识:钢筋制作与安装任务单的类型与格式,独立基础、柱、梁、板、墙、常见楼梯平法施工图识读的步骤与方法,钢筋制作与安装的工作任务流程。

二、学习任务计划的制订

实践知识：进度管理甘特图法的运用，钢筋下料计算、钢筋放样及下料、构件钢筋绑扎、安装质量检查等人员工作分工的确定，相关分工信息的填写。

理论知识：独立基础、柱、梁、板、墙、常见楼梯钢筋制作与安装的施工工艺及流程，进度管理甘特图的绘制标准，钢筋制作与安装的施工内容，工作人员分工表、职能分工表的制定及填写标准。

三、学习任务前的准备

实践知识：钢筋制作与安装所需施工工具、原材料和安全防护用品的选择，钢筋调直机、钢筋切断机、钢筋剪、液压钢筋剪、手动钢筋弯曲机、电动箍筋弯曲机、扎丝钩、卷尺等钢筋工程施工工具的正确使用，钢筋尺寸规格、外观质量的全面检查，安全帽、反光衣、手套等的正确穿戴、使用。

理论知识：钢筋工程施工电动及手动工具的使用及安全操作规程，钢筋工程施工工具的部件组成及保养维护方法，钢筋的种类、规格以及检测标准，安全防护措施、防护用品穿戴规范。

四、学习任务的实施

实践知识：钢筋下料单的编制，钢筋调直、除锈、下料、弯曲、绑扎、连接等机械机具的操作，钢筋的下料、弯曲成型，构件钢筋骨架的定位、布筋及钢筋绑扎，钢筋搭接、机械连接的操作，不同构件间钢筋的连接。

理论知识：钢筋工程施工的工艺流程，钢筋下料长度的计算方法，钢筋下料单的填写格式和标准，钢筋下料、弯曲成型的质量标准，钢筋定位、布筋、绑扎的质量标准，钢筋搭接、机械链接的操作规程，不同构件间钢筋连接的质量标准。

五、学习任务的交付与验收

实践知识：钢筋制作与安装成品的检查验收，钢筋工程质量检查记录表的填写，过程资料和填写，任务验收单的整理归档。

理论知识：钢筋工程质量验收的标准，钢筋工程质量检查记录表的填写规范，钢筋工程过程资料整理归档的标准，任务验收单的填写方法。

六、通用能力、职业素养、思政素养

自主学习、自我管理、信息检索、理解与表达、交往与合作、创新思维、解决问题等通用能力，安全意识、质量意识、规范意识、效率意识、成本意识、环保意识、市场意识、服务意识等职业素养，以及劳模精神、劳动精神、工匠精神等思政素养。

参考性学习任务

序号	名称	学习任务描述	参考学时
1	独立基础钢筋制作与安装	某样板房项目将进行基础施工，现需要钢筋工根据样板房基础施工图，完成独立基础钢筋制作及安装。 施工人员从工程项目部领取基础施工图和任务书，明确施工流程、内容和规范；根据基础施工图纸，明确基础形式（基础类型、构件尺寸、截面形状、尺寸）、配筋内容（底板配筋、梁配筋等），完成钢筋大样图、下料单，写出绑扎工序，领取相关工量具；查看	20

1	独立基础钢筋制作与安装	施工现场，明确施工地面条件；根据施工图，确定所需材料，准备所需切断机、弯曲机等其他设备，进行钢筋下料、弯曲、布筋、绑扎，并进行自检、互检和交接检，形成记录，向工程项目部反馈并存档，最后将所有技术文档上交项目经理。	
2	柱钢筋制作与安装	某样板房项目将进行柱施工，现需要钢筋工根据样板房框架柱施工图，进行柱钢筋制作与安装。 　施工人员从工程项目部领取柱结构施工图和任务书，明确施工流程、内容和规范；根据柱施工图纸，明确柱钢筋内容（柱高度、柱截面尺寸、箍筋肢数尺寸、纵筋根数、角筋根数及钢筋牌号等），完成钢筋大样图、下料单，写出绑扎工序，领取相关工量具；查看施工现场，明确施工地面条件；根据施工图，确定所需材料，准备所需切割机和其他设备，进行钢筋下料、弯曲、布筋、绑扎安装，并进行自检、互检和交接检，形成记录，向工程项目部反馈并存档，最后将所有技术文档上交项目经理。	10
3	梁钢筋制作与安装	某样板房项目将进行梁钢筋施工，现需要钢筋工根据样板房梁平法施工图，进行梁钢筋制作与安装。 　施工人员从工程项目部领取梁平法施工图和任务书，明确施工流程、内容和规范；根据梁平法施工图纸，明确梁钢筋内容（梁跨度、跨数、梁截面尺寸，箍筋肢数尺寸、通长筋根数牌号、支座负筋根数、锚固长度、钢筋牌号等），完成钢筋大样图、下料单，写出绑扎工序，领取相关工量具；查看施工现场，明确施工地面条件；根据施工图，确定所需材料，准备所需切割机和其他设备，进行钢筋下料、弯曲、布筋、绑扎安装，并进行自检、互检和交接检，形成记录，向工程项目部反馈并存档，最后将所有技术文档上交项目经理。	20
4	板钢筋制作与安装	某样板房项目将进行楼板钢筋施工，现需要钢筋工根据样板房板结构平面布置图，进行板钢筋制作与安装。 　施工人员从工程项目部领取板施工图和任务书，明确施工流程、内容和规范；根据板结构平面布置图，明确板钢筋内容（板长度、宽度、厚度，底部钢筋根数及间距，上部钢筋根数及间距，温度筋及钢筋牌号等），完成钢筋大样图、下料单，写出绑扎工序，领取相关工量具；查看施工现场，明确施工地面条件；根据施工图，确定所需材料，准备所需切割机和其他设备，进行钢筋下料、弯曲、布筋、绑扎安装，并进行自检、互检和交接检，形成记录，向工程项目部反馈并存档，最后将所有技术文档上交项目经理。	10

5	墙钢筋制作与安装	某样板房项目将进行剪力墙钢筋施工，现需要钢筋工根据样板房剪力墙施工图，进行剪力墙钢筋制作与安装。 施工人员从工程项目部领取剪力墙施工图和任务书，明确施工流程、内容和规范；根据剪力墙施工图纸，明确剪力墙钢筋内容（墙体厚度、宽度、高度，水平分布钢筋根数及间距，竖向分布钢筋根数及间距，约束边缘构件、构造边缘等构造及钢筋牌号、锚固长度等），完成钢筋大样图、下料单，写出绑扎工序，领取相关工量具；查看施工现场，明确施工地面条件；根据施工图，确定所需材料，准备所需切割机和其他设备，进行钢筋下料、弯曲、布筋、绑扎安装，并进行自检、互检和交接检，形成记录，向工程项目部反馈并存档，最后将所有技术文档上交项目经理。	20
6	楼梯钢筋制作与安装	某样板房项目将进行楼梯钢筋施工，现需要钢筋工根据样板房楼梯施工图，进行楼梯钢筋制作与安装。 施工人员从工程项目部领取楼梯施工图和任务书，明确施工流程、内容和规范；根据楼梯施工图纸，明确楼梯钢筋内容（楼梯梁、楼梯板等厚度、宽度、高度，水平分布钢筋根数及间距，竖向分布钢筋根数及间距，约束边缘构件、构造边缘等构造及钢筋牌号、锚固长度等），完成钢筋大样图、下料单，写出绑扎工序，领取相关工量具；查看施工现场，明确施工地面条件；根据施工图，确定所需材料，准备所需切割机和其他设备，进行钢筋下料、弯曲、布筋、绑扎安装，并进行自检、互检和交接检，形成记录，向工程项目部反馈并存档，最后将所有技术文档上交项目经理。	20

教学实施建议

1. 教学组织方式与建议

建议在模拟工作情境下运用行动导向教学理念实施教学，采取分组讨论、独立完成的形式，学习和工作过程中注重学生职业素养的培养。

2. 教学资源配备建议

（1）教学场地

建议配置钢筋工实训室，实训室须具备良好的照明和通风条件，分为集中教学区、分组实训区、资料存放区，并配备投影设备、电子白板等。

（2）工具与材料

建议按工位配备工量具（如钢卷尺、皮尺）、弯曲机、切断机、套筒及其他设备等。

（3）教学资料

建议教师课前准备《混凝土结构工程施工规范》（GB 50666—2011）、《混凝土结构施工图平面整体表示方法制图规则和构造详图》（22G101）、任务书、样板房独立基础，以及柱、梁、板、剪力墙、楼梯施工图。

教学考核要求

采用过程性考核和终结性考核相结合的方式。

1. 过程性考核

采用自我评价、小组评价和教师评价相结合的方式进行考核，让学生学会自我评价，教师要善于观察学生的学习过程，结合学生的自我评价、小组评价进行总评并提出改进建议。

（1）课堂考核：考核出勤、学习态度、课堂纪律、小组合作与展示等情况。

（2）作业考核：考核工作页的完成、课后练习等情况。

（3）阶段考核：书面测试、实操测试、口述测试。

2. 终结性考核

学生根据任务情境的要求，按照《混凝土结构工程施工规范》（GB 50666—2011）、《混凝土结构工程施工质量验收规范》（GB 50204—2015）、《混凝土结构施工图平面整体表示方法制图规则和构造详图》（22G101）等现行标准和图集，在规定时间内完成独立基础与柱钢筋制作与安装。

考核任务案例：某样板房独立基础与柱钢筋制作与安装。

【情境描述】

某房地产公司需要建一幢样板房，基础结构类型为混凝土独立基础、框架结构，要求根据独立基础施工图、柱平面布置图完成一个独立基础和柱的钢筋制作与安装。

【任务要求】

根据任务的情境描述，在1天内完成：

1. 根据独立基础施工图、柱施工图（纸质及电子档），列出与施工技术负责人沟通的要点。

2. 查阅钢筋平法图集及基础钢筋工艺文件等资料，写出独立基础钢筋绑扎安装作业流程。

3. 按照作业流程，在指定地点进行钢筋下料、定位、绑扎、安装，以及自检、互检，同时填写作业记录单。

4. 总结本次工作中遇到的问题，思考其解决方法。

【参考资料】

完成上述任务时，可以使用所有的常见教学资料，如工作页、相关教材、技术手册、工具书、建筑施工图、图集、技术标准、质量规范等。

（十五）模板制作与安装课程标准

工学一体化课程名称	模板制作与安装	基准学时	200
典型工作任务描述			

模板制作与安装是指根据施工图纸及相应技术措施，对所需要的模板进行翻样，并完成模板下料、拼装、加固的施工过程。在建筑项目中，需要根据不同的模板类型（如采用工具式模板，对模板进行设计）进行模板制作与安装作业，以达到建筑施工项目要求。模板制作与安装主要包括基础模板制作与安装、柱模板制作与安装、梁模板制作与安装、墙模板制作与安装、板模板制作与安装、楼梯模板制作与安装

等工作任务。

模板工从工程项目部领取施工图和任务书，明确工作内容和要求；接受施工技术负责人施工技术交底，明确任务要求，以及与其他工种交接配合情况，做好前道工序的交接检查工作；查看施工现场模板及加工工具设备，确认精度和构造满足规范的相关规定；根据施工图、任务书、规范等相关资料，获取、分析、确定模板加工与制作内容；按规范要求进行自检、互检，对下一道工序进行交接检查并做好记录，向工程项目部反馈并存档。

模板制作与安装过程中要遵守的《混凝土结构工程施工规范》（GB 50666—2011）、《组合钢模板技术规范》（GB/T 50214—2013）、《建筑施工模板安全技术规范》（JGJ 162—2008）、《世界技能标准规范》（WSSS）等规范和标准，完成后用《混凝土结构工程施工质量验收规范》（GB 50204—2015）规范进行检查，并按"7S"现场管理制度要求管理施工现场。

工作内容分析		
工作对象： 1. 阅读分析任务单； 2. 查阅相关资料，制订工作计划； 3. 准备工具、材料，确认防护措施； 4. 实施施工方案（模板翻样、放样、下料、拼装、加固、参数调整以及拆模等）； 5. 施工后进行自检，清理现场； 6. 填写记录单，项目交付与验收。	**工具、材料、设备与资料：** 1. 工具：锤子、手锯、撬棍、手刨、活动扳手、墨斗、地规、钢卷尺、线锤、测距仪、塞尺、水平尺、角度尺、投线仪等； 2. 材料：胶合板模板、木方、钢管、PVC套管、对拉螺栓、铁钉等； 3. 设备：电圆锯、轨道锯、曲线锯、型材切割机、砂轮切割机、电钻等； 4. 资料：任务书、建筑平面图、建筑立面图、建筑剖面图、建筑详图、结构施工图、艺术图案，以及《混凝土结构工程施工规范》（GB 50666—2011）、《组合钢模板技术规范》（GB/T 50214—2013）、《建筑施工模板安全技术规范》（JGJ 162—2008）、《世界技能标准规范》（WSSS）、《混凝土结构工程施工质量验收规范》（GB 50204—2015）等现行标准、规范、图集、施工日志。 **工作方法：** 技术交底法、3W2H沟通法、全面检查法、进度管理甘特图法、过	**工作要求：** 1. 根据任务单的要求识读施工图纸和完成技术交底，明确工作内容和工期要求； 2. 根据《混凝土结构工程施工规范》（GB 50666—2011）、《建筑施工模板安全技术规范》（JGJ 162—2008）、《混凝土结构工程施工质量验收规范》（GB 50204—2015）等规范和标准，以及企业施工图纸，制订合理可行的施工工作计划； 3. 根据任务单和配置单，领取和检查施工工具和材料，依据《建筑机械使用安全技术规程》（JGJ 33—2012），做好安全防护措施和机具维护保养工作，确保现场施工安全，做好施工准备； 4. 根据施工图纸、施工方案、技术规范，选择使用相应的手动及电动工具设备，在工作中要注意按照施工部位，结合图纸要求与场地情况，运用多种施工方法，施工过程中，依"7S"现场管理制度要求进行现场施工与管理；各环节施工工艺要求（材料的选择加工、缝隙的拼接、阴阳角的处理、平整度、垂直度等）均应符合《混凝土结构工程施工规范》（GB 50666—2011）、《建筑施工模板安全

程质量检验法、实验法、序列标识法、复尺法、重点检查法。 **劳动组织方式：** 以小组合作形式进行施工。模板制作与安装施工员从项目经理处领取工作任务单，与总包项目部进一步有效沟通，明确施工时间和要求，制订工作计划，到仓库领取专用工具和材料，完成施工任务后自检，并交付验收。	技术规范》（JGJ 162—2008）的要求，模板表面平整度、立面垂直度等均应符合《混凝土结构工程施工质量验收规范》（GB 50204—2015）的要求； 5. 依据《混凝土结构工程施工质量验收规范》（GB 50204—2015），进行施工后的自检，确保模板制作与安装质量符合相应的要求，根据《建筑与市政施工现场安全卫生与职业健康通用规范》（GB 55034—2022）完成现场清理工作； 6. 根据《混凝土结构工程施工质量验收规范》（GB 50204—2015）填写、整理、存档工程质量、工期等工作记录，要求内容准确、客观，并按企业要求交付验收。

课程目标

学习完本课程后，学生应当能够胜任在模板工相关工作，明确模板工操作的流程和规范，严格遵守《混凝土结构工程施工规范》（GB 50666—2011）、《组合钢模板技术规范》（GB/T 50214—2013）、《建筑施工模板安全技术规范》（JGJ 162—2008）、《世界技能标准规范》（WSSS）等标准和规范，完成后根据《混凝土结构工程施工质量验收规范》（GB 50204—2015）进行检查，并按"7S"现场管理制度要求管理施工现场，在教师指导下完成基础模板制作与安装、柱模板制作与安装、梁模板制作与安装、墙模板制作与安装、板模板制作与安装、楼梯模板制作与安装等工作任务。

1. 能依据模板制作与安装流程与要求，完成工作任务单的识读，与教师、同学进行有效沟通，明确工作任务。

2. 能依据施工任务要求，结合现场施工条件，充分考虑人员、材料、工具、环境等各种要素，通过小组讨论等方式完成施工工作计划的制订工作。

3. 能依据工作任务单，准确领取施工所需的原材料及机具，填写领用记录，并完成对各种原材料的质量检查工作和对各种机具的维护保养工作，做好施工前准备，选用合适的安全防护用品并检查。

4. 能依据工作任务单及施工图纸，正确使用各种手动和电动工具，通过小组协作的方式完成安装施工工作，充分考虑施工前后工艺之间的衔接，保证施工的质量，按时完成工作任务。

5. 能依据室内装饰从业人员职业规范的要求，小组协作完成安装施工成品自检工作及场地清理工作，正确填写检查记录表，发现问题及时与教师进行专业沟通。

6. 能依据工作任务单及企业行业规范，及时规范填写相关工作记录与检验记录报告，交予教师对工作成果实施检查和确认，最后完成相关资料的归档收集工作。

学习内容

本课程的主要学习内容包括：

一、获取信息，明确任务

实践知识：3W2H沟通法的运用，模板制作与安装任务单的阅读分析，模板制作与安装工作内容和工期要求的明确，模板制作与安装施工图纸和施工说明的识读，模板制作与安装施工信息和技术要求的获取等。

理论知识：模板制作与安装任务单的格式、类型、内容，模板制作与安装施工图纸、模板翻样图、世界技能大赛相关施工图的识读方法和技巧，模板制作与安装施工说明的主要内容，各项经济技术指标的概念。

二、学习任务计划的制订

实践知识：进度管理甘特图法的运用，模板制作与安装工作量的预估，人员的分工及安排，基础模板制作与安装施工工序与工艺流程的确定，柱模板制作与安装施工工序与工艺流程的确定，梁模板制作与安装施工工序与工艺流程的确定，墙模板制作与安装施工工序与工艺流程的确定，板模板制作与安装施工工序与工艺流程的确定，楼梯模板制作与安装施工工序与工艺流程的确定。

理论知识：模板制作与安装进度管理甘特图法的基本知识，模板制作与安装工作任务分工表、管理职能分工表的填写方法，模板制作与安装施工组织的基本知识，建筑施工网络计划技术基本知识。

三、学习任务前的准备

实践知识：模板制作与安装图纸施工前技术交底法、准备工作全面检查法的运用，安装工具清单的罗列，模板、钢管、对拉螺纹螺杆、链接扣件等材料的进场检查，材料的抽查和复验，领用单的填写，防护用品的合理选用，冲击钻、手提式切割机、曲线锯、无线电动扳手、木工吸尘器、拖线板、推台锯、钢角尺、角度尺、数显游标卡尺等工具的使用，机具的维护及保养，施工现场环境的布局。

理论知识：模板制作与安装施工机具的使用说明，模板制作与安装材料的使用规格及标准，模板制作与安装施工安全防护措施、防护用品穿戴规范，模板制作与安装施工准备与资源配置规则。

四、学习任务的实施

实践知识：工序操作过程质量检验法（设置目标、测量检查、评价分析、纠正偏差）的运用，模板翻样、放样、下料、拼装、加固、参数调整以及拆模操作流程与规范的应用，《建筑施工模板安全技术规范》（JGJ 162—2008）、《世界技能标准规范》（WSSS）、模板制作与安装施工作业安全操作规程等的应用。

理论知识：模板制作与安装施工材料材质种类、规格、形状的要求，模板翻样计算方法，模板放样切割和安装方法，参数调整以及拆模操作流程与规范，模板制作与安装施工质量控制措施和质量验收标准，模板制作与安装施工中的常见问题及解决对策。

五、学习任务质量的检测

实践知识：复尺法、重点检查法的运用，检查工具的使用操作，检查位置、数量和面积的确定，尺寸的检测，测量数据的正确读取，测量数据的规范填写，测量误差的计算，模板制作与安装施工质量检测资料的规范整理、归档，《混凝土结构工程施工质量验收规范》（GB 50204—2015）中与基础模板制作与安装、柱模板制作与安装、梁模板制作与安装、墙模板制作与安装、板模板制作与安装、楼梯模板制作与安装有关条款的应用。

理论知识：《混凝土结构工程施工质量验收规范》（GB 50204—2015）的有关规定，模板制作与安装施工质量检测资料的有关规定，模板安装工的职业技能规范及要求。

六、学习任务的交付与验收

实践知识：经验归纳法的运用，国家相关法律法规和文件规定的应用，施工图纸设计和合同约定各项内容的核对，工程验收单的规范填写，模板制作与安装施工主要材料和构配件进场合格证书的收集，模板制作与安装施工技术和管理资料的填写与归档。

理论知识：模板制作与安装施工的验收流程及规范，模板制作与安装施工交付作业的要求及规范。

七、通用能力、职业素养、思政素养

自主学习、自我管理、信息检索、理解与表达、交往与合作、创新思维、解决问题等通用能力，安全意识、质量意识、规范意识、效率意识、成本意识、环保意识、市场意识、服务意识等职业素养，以及劳模精神、劳动精神、工匠精神等思政素养。

参考性学习任务

序号	名称	学习任务描述	参考学时
1	基础模板制作与安装	某样板房将进行基础施工，现需要加工独立基础模板。 施工人员从工程项目部领取基础结构施工图和任务书，明确施工流程、内容和规范，根据基础模板施工图纸，明确基础形式、精度等要求，制订基础模板施工方案；查看施工现场，明确施工场地条件，根据施工图，确定所需材料，准备所需切割机和其他设备；进行基础模板翻样、下料、拼装、加固，并进行自检和互检，形成记录，向工程项目部反馈并存档，最后将所有技术文档上交项目经理。	30
2	柱模板制作与安装	某样板房项目将进行框架柱施工，现需要加工框架柱模板。 施工人员从工程项目部领取柱结构施工图和任务书，明确施工流程、内容和规范，根据柱模板施工图纸，明确柱模板信息（截面尺寸、高度、模板类型，以及如何下料、拼装和加固等）、精度等要求，制订柱模板施工方案；查看施工现场，明确施工场地条件，根据施工图，确定所需材料，准备所需切割机和其他设备；进行柱模板翻样、下料、拼装、加固，并进行自检和互检，形成记录，向工程项目部反馈并存档，最后将所有技术文档上交项目经理。	30
3	梁模板制作与安装	某样板房项目将进行简支梁施工，现需要加工简支梁模板。 施工人员从工程项目部领取梁结构施工图和任务书，明确施工流程、内容和规范，根据梁模板施工图纸，明确梁模板信息（长度、宽度、高度、模板类型，以及如何下料、拼装和加固等）、精度等要求，制订梁模板施工方案；查看施工现场，明确施工场地条件，根据施工图，确定所需材料，准备所需切割机和其他设备；进行梁模板翻样、下料、拼装、加固，并进行自检和互检，形成记录，向工程项目部反馈并存档，最后将所有技术文档上交项目经理。	40

4	墙模板制作与安装	某样板房项目将进行混凝土墙施工，现需要加工墙模板。 施工人员从工程项目部领取墙结构施工图和任务书，明确施工流程、内容和规范，根据墙模板施工图纸，明确梁模板信息（长度、宽度、高度、模板类型，以及如何下料、拼装和加固等）、精度等要求，制订墙模板施工方案；查看施工现场，明确施工场地条件，根据施工图，确定所需材料，准备所需切割机和其他设备；进行墙模板翻样、下料、拼装、加固，并进行自检和互检，形成记录，向工程项目部反馈并存档，最后将所有技术文档上交项目经理。	30
5	板模板制作与安装	某样板房项目将进行混凝土楼层板施工，现需要加工楼板模板。 施工人员从工程项目部领取板结构施工图和任务书，明确施工流程、内容和规范，根据板模板施工图纸，明确板模板信息（长度、宽度、厚度、模板类型，以及如何下料、拼装和加固等）、精度等要求，制订板模板施工方案；查看施工现场，明确施工场地条件，根据施工图，确定所需材料，准备所需切割机和其他设备；进行板模板翻样、下料、拼装、加固，并进行自检和互检，形成记录，向工程项目部反馈并存档，最后将所有技术文档上交项目经理。	30
6	楼梯模板制作与安装	某样板房项目将进行混凝土楼梯施工，现需要加工楼梯模板。 施工人员从工程项目部领取楼梯结构施工图和任务书，明确施工流程、内容和规范，根据楼梯模板施工图纸，明确楼梯模板信息（长度、宽度、踏步数量和尺寸、平台标高、模板类型，以及如何下料、拼装及加固等）、精度等要求，制订楼梯模板施工方案；查看施工现场，明确施工场地条件，根据施工图，确定所需材料，准备所需切割机和其他设备；进行楼梯模板翻样、下料、拼装、加固，并进行自检和互检，形成记录，向工程项目部反馈并存档，最后将所有技术文档上交项目经理。	40

教学实施建议

1. 教学组织方式与建议

建议在模拟工作情境下运用行动导向教学理念实施教学，采取分组讨论、独立完成的形式，学习和工作过程中注重学生职业素养的培养。

2. 教学资源配备建议

（1）教学场地

建议配置混凝土实训室，实训室须具备良好的照明和通风条件，分为集中教学区、分组实训区、资料存放区，并配备投影设备、电子白板等。

（2）工具与材料

建议按工位配备所需工具：电动工具（冲击钻、电钻、手提式切割机、曲线锯、轨道切割机、无线马刀锯、电刨、电锯、拉杆型材切割机、无线电动扳手、木工吸尘器、拖线板、推台锯、起子机）、测绘工具（铅笔及美工刀、A4白纸、卷尺、木工圆规、数显角度尺、钢角尺、角度尺、数显游标卡尺、划针、墨线、墨斗及墨水、水平尺、投线仪及脚架、线锤）和其他工具设备（安全帽、护目镜、耳塞、口罩及劳保服饰、反光衣、头灯、打磨砂纸、操作台、工具箱、木工台、羊角铁锤、八角铁锤、工具腰包）等。

建议按工位配备所需材料：木方、铁钉、沉头自攻螺钉、膨胀螺栓等。

（3）教学资料

建议教师课前准备《混凝土结构工程施工规范》（GB 50666—2011）、《组合钢模板技术规范》（GB/T 50214—2013）、《建筑施工模板安全技术规范》（JGJ 162—2008）、《世界技能标准规范》（WSSS），以及任务书（含配置单）、施工图纸。

教学考核要求

采用过程性考核和终结性考核相结合的方式。

1. 过程性考核

采用自我评价、小组评价和教师评价相结合的方式进行考核，让学生学会自我评价，教师要善于观察学生的学习过程，参照学生的自我评价、小组评价进行总评并提出改进建议。

（1）课堂考核：考核出勤、学习态度、课堂纪律，小组合作与展示等情况。

（2）作业考核：考核工作页的完成、课后练习等情况。

（3）阶段考核：实操测试。

2. 终结性考核

学生根据任务情境中的要求，按照《混凝土结构工程施工规范》（GB 50666—2011）、《组合钢模板技术规范》（GB/T 50214—2013）、《建筑施工模板安全技术规范》（JGJ 162—2008）、《混凝土结构工程施工质量验收规范》（GB 50204—2015）、《世界技能标准规范》（WSSS）等现行标准和规范，在规定时间内完成基础模板制作与安装。

考核任务案例：基础模板制作与安装。

【情境描述】

某样板房的基础结构类型为钢筋混凝土独立基础，要求根据钢筋混凝土独立基础施工图完成基础模板的制作与安装。

【任务要求】

根据提供的基础模板与安装的施工图（纸质及电子档），在指定地点进行基础模板制作与安装，要求在1.5天内完成。

【参考资料】

完成上述任务时，可以使用所有的常见教学资料，如工作页、教材、施工图、图集、标准等。

六、实施建议

（一）师资队伍

1. 师资队伍结构。应配备一支与培养规模、培养层级和课程设置相适应的业务精湛、素质优良、专兼结合的工学一体化教师队伍。中、高级技能层级的师生比不低于 1∶20，兼职教师人数不得超过教师总数的三分之一，具有企业实践经验的教师应占教师总数的 20% 以上；预备技师（技师）层级的师生比不低于 1∶18，兼职教师人数不得超过教师总数的三分之一，具有企业实践经验的教师应占教师总数的 25% 以上。

2. 师资资质要求。教师应符合国家规定的学历要求并具备相应的教师资格。承担中、高级技能层级工学一体化课程教学任务的教师应具备高级及以上职业技能等级；承担预备技师（技师）层级工学一体化课程教学任务的教师应具备技师及以上职业技能等级。

3. 师资素质要求。教师思想政治素质和职业素养应符合《中华人民共和国教师法》和教师职业行为准则等要求。

4. 师资能力要求。承担工学一体化课程教学任务的教师应具有独立完成工学一体化课程相应学习任务的工作实践能力。三级工学一体化教师应具备工学一体化课程教学实施、工学一体化课程考核实施、教学场所使用管理等能力；二级工学一体化教师应具备工学一体化学习任务分析与策划、工学一体化学习任务考核设计、工学一体化学习任务教学资源开发、工学一体化示范课设计与实施等能力；一级工学一体化教师应具备工学一体化课程标准转化与设计、工学一体化课程考核方案设计、工学一体化教师教学工作指导等能力。一级、二级、三级工学一体化教师比以 1∶3∶6 为宜。

（二）场地设备

教学场地应满足培养要求中规定的典型工作任务实施和相应工学一体化课程教学的环境及设备设施要求，同时应保证教学场地具备良好的安全、照明和通风条件。其中校内教学场地和设备设施应能支持资料查阅、教师授课、小组研讨、任务实施、成果展示等活动的开展；企业实训基地应具备工作任务实践与技术培训等功能。

其中，校内教学场地和设备设施应按照不同层级技能人才培养要求中规定的典型工作任务实施要求和工学一体化课程教学需要进行配置。具体包括如下要求：

1. 实施施工图交底工学一体化课程的施工图交底学习工作站，应配备打印机等设备设施，5 m 及 50 m 钢卷尺、标准、图集、规范、施工图纸、挂图、模型、绘图板等工具材料，以及计算机、投影仪、展示台等多媒体教学设备。

2. 实施建筑材料取样工学一体化课程的建筑材料取样学习工作站，应配备磅秤、锯砖机、混凝土养护箱等设备设施，水泥取样器、容器、铲子、平板、铁钎、坍落度筒、混凝土试模、砂浆试模、抹刀、不透水薄膜、铁钉、大剪刀、封条、水泥、砂、石、混凝土、砂浆、砖、砌块、光圆钢筋、带肋钢筋、钢筋焊接接头、钢筋机械连接接头、防水材料等工具材料，以及计算机、投影仪、展示台等多媒体教学设备。

3. 实施建筑施工测量工学一体化课程的建筑施工测量学习工作站，应配备水准仪、经纬仪、全站仪、垂直仪等设备设施，水准尺、钢卷尺、测钎、铁锤、对中杆、棱镜、铅笔、签字笔、油性笔、计算器、木桩、铁钉、尼龙线、钢筋头、实心砖等工具材料，以及计算机、投影仪、展示台等多媒体教学设备。

4. 实施施工过程质量检查工学一体化课程的施工过程质量检查学习工作站，应配备水准仪、经纬仪、全站仪、回弹仪、钢筋保护层测定仪、激光测距仪等设备设施，钢卷尺、扭力扳手、游标卡尺、靠尺、内外直角检测尺、楔形塞尺、对角检测尺、焊缝检测尺、百格网、检测镜、线锤、卷线器、响鼓槌、钢针小锤、水准尺、棱镜、记号笔、计算器等工具材料，以及计算机、投影仪、展示台等多媒体教学设备。

5. 实施施工过程安全检查工学一体化课程的施工过程安全检查学习工作站，应配备漏电保护器测试仪、兆欧表、接地电阻测试仪、经纬仪等设备设施，量具（如钢卷尺、皮尺）、扭力扳手、线锤、游标卡尺、千分尺等工具材料，以及计算机、投影仪、展示台等多媒体教学设备。

6. 实施工程资料记录与整理工学一体化课程的工程资料记录与整理学习工作站，应配备计算机、打印机等设备设施，工程资料表格或工程资料软件（如品茗资料管理软件、广联达资料管理软件等）、施工图纸、施工组织设计、报验报审资料、油性笔、签字笔、标签纸等工具材料，以及计算机、投影仪、展示台等多媒体教学设备。

7. 实施工程量计算、施工图绘制、建筑工程计量与计价"施工方案编制与实施"等工学一体化课程的建筑施工软件学习工作站，应配备制图桌椅等设备设施，仿真软件、绘图软件（AutoCAD 等）、计量与计价软件、施工方案编制软件、施工图纸、标注图集、构件模型、计算器、铅笔、签字笔、油性笔等工具材料，以及计算机、投影仪、展示台等多媒体教学设备。

8. 实施施工生产管理工学一体化课程的施工生产管理学习工作站，应配备切割机、电动工具、电焊机、探伤仪等设备设施，钢卷尺、皮尺、安全帽、护目镜、记号笔、砂、石、水泥、钢筋等工具材料，以及计算机、投影仪、展示台等多媒体教学设备。

9. 实施砖砌体砌筑工学一体化课程的砖砌体砌筑学习工作站，应配备大型带水切割机、小型切割机、皮数杆、砂浆台等设备设施，砖刀、卷尺、水平尺、铝合金杆、钢尺、水平直角尺、砂、水泥、熟石灰、混凝土外加剂、标准砖、混凝土砌块等工具材料，以及计算机、投影仪、展示台等多媒体教学设备。

10. 实施瓷砖镶贴工学一体化课程的瓷砖镶贴学习工作站，应配备红外线水准仪、冲击钻、云石机、电动搅拌器、瓷砖切割机等设备设施，水平尺、铝合金靠尺、墨斗、橡皮锤、木抹子、铁抹子、大桶、小水桶、釉面砖、硅酸盐水泥、瓷砖填缝剂、砂、石灰膏、生石灰粉等工具材料，以及计算机、投影仪、展示台等多媒体教学设备。

11. 实施钢筋制作与安装工学一体化课程的钢筋制作与安装学习工作站，应配备钢筋切断机、钢筋调直机、箍筋弯曲机、钢筋滚丝机等设备设施，手动钢筋剪、液压钢筋剪、手动钢筋弯曲机、扎丝钩、卷尺、钢筋绑扎支架、不同尺寸型号的钢筋若干、扎丝若干、不同型号的机械连接套筒等工具材料，以及计算机、投影仪、展示台等多媒体教学设备。

12. 实施模板制作与安装工学一体化课程的模板制作与安装学习工作站，应配备电圆锯、轨道锯、曲线锯、型材切割机、砂轮切割机、电钻等设备设施，锤子、手锯、撬棍、手刨、活动扳手、墨斗、地规、钢卷尺、线锤、测距仪、塞尺、水平尺、角度尺、投线仪、胶合板模板、木方、钢管、PVC套管、对拉螺栓、铁钉等工具材料，以及计算机、投影仪、展示台等多媒体教学设备。

上述学习工作站建议每个工位以4~6人学习与工作的标准进行配置。

（三）教学资源

教学资源应按照培养要求中规定的典型工作任务实施要求和工学一体化课程教学需要进行配置。具体包括如下要求：

1. 实施施工图交底工学一体化课程宜配置《房屋建筑制图统一标准》（GB 50001—2017）、《建筑制图标准》（GB/T 50104—2010）、《混凝土结构施工图平面整体表示方法制图规则和构造详图》（22G101），以及教材和相应的工作页、信息页、教学课件、操作规程、典型案例、技术规范、技术标准和数字化资源等。

2. 实施建筑材料取样工学一体化课程宜配置《建筑工程检测试验技术管理规范》（JGJ 190—2010）、《房屋建筑工程和市政基础设施工程实行见证取样和送检的规定》、取样材料标准或规范、取样方案、建筑材料的产品出厂合格证、厂家检测报告，以及教材和相应的工作页、信息页、教学课件、操作规程、典型案例、技术规范、技术标准和数字化资源等。

3. 实施建筑施工测量工学一体化课程宜配置《工程测量标准》（GB 50026—2020）等现行标准和规范、施工测量记录表、测量成果计算表，以及教材和相应的工作页、信息页、教学课件、操作规程、典型案例、技术规范、技术标准和数字化资源等。

4. 实施施工过程质量检查工学一体化课程宜配置施工组织设计（含专项方案）、班组合同、《建筑工程施工质量验收统一标准》（GB 50300—2013）、《建筑地基基础工程施工质量验收标准》（GB 50202—2018）、《砌体结构工程施工质量验收规范》（GB 50203—2011）、《混凝土结构工程施工质量验收规范》（GB 50204—2015）、《屋面工程质量验收规范》（GB 50207—2012）、《地下防水工程质量验收规范》（GB 50208—2011）、《建筑地面工程施工质量验收规范》（GB 50209—2010）、《建筑装饰装修工程质量验收标准》（GB 50210—2018）、《建筑节能工程施工质量验收标准》（GB 50411—2019）、工程施工质量检查记录表、工程施工质量验收记录表，以及教材和相应的工作页、信息页、教学课件、操作规程、典型案例、技术规范、技术标准和数字化资源等。

5. 实施施工过程安全检查工学一体化课程宜配置施工任务书、施工方案、施工图纸、安全技术交底表、施工安全检查计划、《建筑施工安全检查标准》（JGJ 59—2011）和相关安全技术规程、安全检查记录表、安全检查评分表、安全隐患整改通知单，以及教材和相应的工作页、信息页、教学课件、操作规程、典型案例、技术规范、技术标准和数字化资源等。

6. 实施工程资料记录与整理工学一体化课程宜配置施工图、施工组织设计、《建设工程文件归档规范（2019年版）》（GB/T 50328—2014）、材料合格证明或质量证明文件、检测单位出具的检测报告，以及教材和相应的工作页、信息页、教学课件、操作规程、典型案例、技术规范、技术标准和数字化资源等。

7. 实施工程量计算、施工图绘制、建筑工程计量与计价、施工方案编制与实施工学一体化课程宜配置《房屋建筑制图统一标准》（GB 50001—2017）、《总图制图标准》（GB/T 50103—2010）、《建筑制图标准》（GB/T 50104—2010）、《建筑结构制图标准》（GB/T 50105—2010）、《混凝土结构施工图平面整体表示方法制图规则和构造详图（现浇混凝土框架、剪力墙、梁、板）》（22G101—1）、《混凝土结构施工图平面整体表示方法制图规则和构造详图（现浇混凝土板式楼梯）》（22G101—2）、《混凝土结构施工图平面整体表示方法制图规则和构造详图（独立基础、条形基础、筏形基础、桩基础）》（22G101—3）、施工日志、某学校综合楼施工图纸、建设工程工程量计算书、汇总表、施工组织设计、《房屋建筑与装饰工程工程量计算规范》（GB 50854—2013）、建设工程计量与计价表、《建设工程工程量清单计价规范》（GB 50500—2013）、现行地方定额、材料价格表、《建筑边坡工程技术规范》（GB 50330—2013）、《砌体结构设计规范》（GB 50003—2011）、《建筑施工组织设计规范》（GB/T 50502—2009）、《建筑工程施工质量验收统一标准》（GB 50300—2013），以及教材和相应的工作页、信息页、教学课件、操作规程、典型案例、技术规范、技术标准和数字化资源等。

8. 实施施工生产管理工学一体化课程宜配置合同、招投标文件、工程量清单、施工组织方案、进度计划、施工生产要素进场计划、质量检查流程表、施工方案、施工现场质量管理检查记录表、施工方案审批表、技术交底记录、《建设工程质量管理条例》、施工成本分析表、施工进度调整表、施工质量验收表、施工合同变更表，以及教材和相应的工作页、信息页、教学课件、操作规程、典型案例、技术规范、技术标准和数字化资源等。

9. 实施砖砌体砌筑工学一体化课程宜配置《砌体结构工程施工规范》（GB 50924—2014）、《砌体结构工程施工质量验收规范》（GB 50203—2011）、《世界技能职业标准》（WSOS）、施工方案、施工记录表，以及教材和相应的工作页、信息页、教学课件、操作规程、典型案例、技术规范、技术标准和数字化资源等。

10. 实施瓷砖镶贴工学一体化课程宜配置设计施工图纸、施工合同、《建筑装饰装修工程质量验收标准》（GB 50210—2018）、《住宅装饰装修工程施工规范》（GB 50327—2001）、《建筑施工安全检查标准》（JGJ 59—2011）、《建筑装饰装修工程成品保护技术标准》（JGJ/T 427—2018）、《世界技能标准规范》（WSSS），以及教材和相应的工作页、信息页、教学课件、操作规程、典型案例、技术规范、技术标准和数字化资源等。

11. 实施钢筋制作与安装工学一体化课程宜配置《混凝土结构工程施工规范》（GB 50666—2011）、《混凝土结构施工图平面整体表示方法制图规则和构造详图》（22G101）、《世界技能标准规范》（WSSS）、《混凝土结构工程施工质量验收规范》（GB 50204—2015），以及教材和相应的工作页、信息页、教学课件、操作规程、典型案例、技术规范、技术标准和数字化资源等。

12. 实施模板制作与安装工学一体化课程宜配置《混凝土结构工程施工规范》（GB 50666—2011）、《组合钢模板技术规范》（GB/T 50214—2013）、《建筑施工模板安全技术规范》（JGJ 162—2008）、《世界技能标准规范》（WSSS）、《混凝土结构工程施工质量验收规范》（GB 50204—2015）、建筑平面图、建筑立面图、建筑剖面图、建筑详图、结构施工图、艺术图案、施工日志，以及教材和相应的工作页、信息页、教学课件、操作规程、典型案例、技术规范、技术标准和数字化资源等。

（四）教学管理制度

本专业应根据培养模式提出的培养机制实施要求和不同层级运行机制需要，建立有效的教学管理制度，包括学生学籍管理、专业与课程管理、师资队伍管理、教学运行管理、教学安全管理、岗位实习管理、学生成绩管理等文件。其中，中级技能层级的教学运行管理宜采用"学校为主、企业为辅"校企合作运行机制；高级技能层级的教学运行管理宜采用"校企双元、人才共育"校企合作运行机制；预备技师（技师）层级的教学运行管理宜采用"企业为主、学校为辅"校企合作运行机制。

七、考核与评价

（一）综合职业能力评价

本专业可根据不同层级技能人才培养目标及要求，科学设计综合职业能力评价方案并对学生开展综合职业能力评价。评价时应遵循技能评价的情境原则，让学生完成源于真实工作的案例性任务，通过对其工作行为、工作过程和工作成果的观察分析，评价学生的工作能力和工作态度。

评价题目应来源于本职业（岗位或岗位群）的典型工作任务，是通过对从业人员实际工作内容、过程、方法和结果的提炼概括形成的具有普遍性、稳定性和持续性的工作项目。题目可包括仿真模拟、客观题、真实性测试等多种类型，并可借鉴职业能力测评项目以及世界技能大赛项目的设计和评估方式。

（二）职业技能评价

本专业的职业技能评价应按照现行职业资格评价或职业技能等级认定的相关规定执行。中级技能层级宜取得砌筑工、钢筋工、工程测量员四级职业技能等级证书；高级技能层级宜取得砌筑工、钢筋工、工程测量员三级职业技能等级证书；预备技师（技师）层级宜取得砌筑工、钢筋工、工程测量员二级职业技能等级证书。

（三）毕业生就业质量分析

本专业应对毕业后就业一段时间（毕业半年、毕业一年等）的毕业生开展就业质量调查，宜从毕业生规模、性别、培养层次、持证比例等维度多元分析毕业生总体就业率、专业对口就业率、稳定就业率、就业行业岗位分布、就业地区分布、薪酬待遇水平，以及用人单位满意度等数量指标。通过开展毕业生就业质量分析，持续提升本专业建设水平。

责任编辑　谢　亮
责任校对　赵建北
责任设计　郭　艳

ISBN 978-7-5167-6297-4

9 787516 762974 >

定价：25.00 元

建筑施工专业
国家技能人才培养
工学一体化课程设置方案

人力资源社会保障部

中国劳动社会保障出版社

人力资源社会保障部办公厅关于印发 31 个专业国家技能人才培养工学一体化课程标准和课程设置方案的通知

人社厅函〔2023〕152 号

各省、自治区、直辖市及新疆生产建设兵团人力资源社会保障厅（局）：

为贯彻落实《技工教育"十四五"规划》（人社部发〔2021〕86 号）和《推进技工院校工学一体化技能人才培养模式实施方案》（人社部函〔2022〕20 号），我部组织制定了 31 个专业国家技能人才培养工学一体化课程标准和课程设置方案（31 个专业目录见附件），现予以印发。请根据国家技能人才培养工学一体化课程标准和课程设置方案，指导技工院校规范设置课程并组织实施教学，推动人才培养模式变革，进一步提升技能人才培养质量。

附件：31 个专业目录

人力资源社会保障部办公厅

2023 年 11 月 13 日

31 个专业目录

（按专业代码排序）

1. 机床切削加工（车工）专业
2. 数控加工（数控车工）专业
3. 数控机床装配与维修专业
4. 机械设备装配与自动控制专业
5. 模具制造专业
6. 焊接加工专业
7. 机电设备安装与维修专业
8. 机电一体化技术专业
9. 电气自动化设备安装与维修专业
10. 楼宇自动控制设备安装与维护专业
11. 工业机器人应用与维护专业
12. 电子技术应用专业
13. 电梯工程技术专业
14. 计算机网络应用专业
15. 计算机应用与维修专业
16. 汽车维修专业
17. 汽车钣金与涂装专业
18. 工程机械运用与维修专业
19. 现代物流专业
20. 城市轨道交通运输与管理专业
21. 新能源汽车检测与维修专业
22. 无人机应用技术专业
23. 烹饪（中式烹调）专业
24. 电子商务专业
25. 化工工艺专业
26. 建筑施工专业
27. 服装设计与制作专业
28. 食品加工与检验专业
29. 工业设计专业
30. 平面设计专业
31. 环境保护与检测专业

建筑施工专业国家技能人才培养
工学一体化课程设置方案

一、适用范围

本方案适用于技工院校工学一体化技能人才培养模式各技能人才培养层级，包括初中起点三年中级技能、高中起点三年高级技能、初中起点五年高级技能、高中起点四年预备技师（技师）、初中起点六年预备技师（技师）等培养层级。

二、基本要求

（一）课程类别

本专业开设课程由公共基础课程、专业基础课程、工学一体化课程、选修课程构成。其中，公共基础课程依据人力资源社会保障部颁布的《技工院校公共基础课程方案（2022 年）》开设，工学一体化课程依据人力资源社会保障部颁布的《建筑施工专业国家技能人才培养工学一体化课程标准》开设。

（二）学时要求

每学期教学时间一般为 20 周，每周学时一般为 30 学时。

各技工院校可根据所在地区行业企业发展特点和校企合作实际情况，对专业课程（专业基础课程和工学一体化课程）设置进行适当调整，调整量应不超过 30%。

三、课程设置

课程类别	课程名称
公共基础课程	思想政治
	语文
	历史
	数学
	英语
	数字技术应用
	体育与健康
	美育
	劳动教育
	通用职业素质
	物理
	其他
专业基础课程	建筑识图与构造
	建筑工程测量
	建筑材料
	建筑 CAD
	建筑施工工艺
	现代化施工组织与管理
工学一体化课程	施工图交底
	建筑材料取样
	建筑施工测量
	施工过程质量检查
	工程资料记录与整理
	工程量计算

课程类别	课程名称
工学一体化课程	砖砌体砌筑
	施工图绘制
	施工生产管理
	建筑工程计量与计价
	瓷砖镶贴
	施工方案编制与实施
	施工过程安全检查
	钢筋制作与安装
	模板制作与安装
选修课程	建筑力学与结构平法识图
	装配式建筑施工技术
	建筑工程招投标与合同管理
	建设工程法规
	建筑信息模型（BIM）概论
	BIM 技术综合应用

四、教学安排建议

（一）中级技能层级课程表（初中起点三年）

课程类别	课程名称	参考学时	学期					
			第 1 学期	第 2 学期	第 3 学期	第 4 学期	第 5 学期	第 6 学期
公共基础课程	思想政治	144	√	√	√	√		
	语文	198	√	√	√			
	历史	72	√	√				
	数学	90	√	√				

课程类别	课程名称	参考学时	学期					
			第1学期	第2学期	第3学期	第4学期	第5学期	第6学期
公共基础课程	英语	90			√	√		
	数字技术应用	72	√	√				
	体育与健康	180	√	√	√	√	√	
	美育	18	√					
	劳动教育	48	√	√	√	√		
	通用职业素质	90		√	√	√		
	物理	36			√			
	其他	18	√	√	√			
专业基础课程	建筑识图与构造	120	√					
	建筑工程测量	120	√					
	建筑材料	100		√				
	建筑 CAD	80			√			
	建筑施工工艺	100			√			
	现代化施工组织与管理	100				√		
工学一体化课程	施工图交底	100		√				
	建筑材料取样	80			√			
	建筑施工测量	200		√	√			
	施工过程质量检查	240				√	√	
	工程资料记录与整理	100				√		
	工程量计算	120				√	√	
	砖砌体砌筑	100					√	
机动		384						
岗位实习								√
总学时		3 000						

注："√"表示相应课程建议开设的学期，后同。

（二）高级技能层级课程表（高中起点三年）

课程类别	课程名称	参考学时	学期					
			第1学期	第2学期	第3学期	第4学期	第5学期	第6学期
公共基础课程	思想政治	144	√	√	√	√		
	语文	72	√	√				
	数学	54	√	√				
	英语	90		√	√	√		
	数字技术应用	72	√	√				
	体育与健康	90	√	√	√	√	√	
	美育	18	√					
	劳动教育	48	√	√	√	√		
	通用职业素质	90		√	√	√		
	其他	18	√	√	√			
专业基础课程	建筑识图与构造	80	√					
	建筑工程测量	80	√					
	建筑材料	80	√					
	建筑CAD	60	√					
	建筑施工工艺	100			√			
	现代化施工组织与管理	80				√		
工学一体化课程	施工图交底	100		√				
	建筑材料取样	80		√				
	建筑施工测量	200		√	√			
	施工过程质量检查	240				√	√	
	工程资料记录与整理	100					√	
	工程量计算	120	√	√				
	施工图绘制	100			√			
	施工生产管理	120			√			
	建筑工程计量与计价	160				√	√	
	砖砌体砌筑	100				√		
	瓷砖镶贴	100					√	

课程类别	课程名称	参考学时	第1学期	第2学期	第3学期	第4学期	第5学期	第6学期
选修课程	建筑力学与结构平法识图	80		√				
选修课程	建设工程法规	60			√			
选修课程	建筑信息模型（BIM）概论	100				√		
机动		164						
岗位实习								√
总学时		3 000						

（三）高级技能层级课程表（初中起点五年）

课程类别	课程名称	参考学时	第1学期	第2学期	第3学期	第4学期	第5学期	第6学期	第7学期	第8学期	第9学期	第10学期
公共基础课程	思想政治	288	√	√	√	√			√	√	√	
公共基础课程	语文	252	√	√					√	√		
公共基础课程	历史	72	√	√								
公共基础课程	数学	144	√	√					√	√		
公共基础课程	英语	162			√	√						
公共基础课程	数字技术应用	72	√	√								
公共基础课程	体育与健康	288	√	√	√	√	√		√	√	√	
公共基础课程	美育	54	√						√			
公共基础课程	劳动教育	72	√	√	√	√			√	√		
公共基础课程	通用职业素质	90		√	√	√						
公共基础课程	物理	36	√									
公共基础课程	其他	36	√	√	√				√	√	√	
专业基础课程	建筑识图与构造	120	√									
专业基础课程	建筑工程测量	120	√									
专业基础课程	建筑材料	100		√								

课程类别	课程名称	参考学时	学期									
			第1学期	第2学期	第3学期	第4学期	第5学期	第6学期	第7学期	第8学期	第9学期	第10学期
专业基础课程	建筑CAD	80		√								
	建筑施工工艺	100			√							
	现代化施工组织与管理	100				√						
工学一体化课程	施工图交底	100		√								
	建筑材料取样	80			√							
	建筑施工测量	200		√					√			
	施工过程质量检查	240			√	√	√					
	工程资料记录与整理	100				√						
	工程量计算	120			√	√						
	砖砌体砌筑	100				√						
	施工图绘制	100					√					
	施工生产管理	120							√			
	建筑工程计量与计价	200								√	√	
	瓷砖镶贴	100								√		
选修课程	建筑力学与结构平法识图	80					√					
	装配式建筑施工技术	100							√			
	建筑工程招投标与合同管理	100									√	
	建设工程法规	120								√		
	建筑信息模型（BIM）概论	140									√	
	机动	614										
	岗位实习							√				√
	总学时	4 800										

（四）预备技师（技师）层级课程表（高中起点四年）

课程类别	课程名称	参考学时	第1学期	第2学期	第3学期	第4学期	第5学期	第6学期	第7学期	第8学期
公共基础课程	思想政治	144	√	√	√	√				
	语文	72	√	√						
	数学	54	√	√						
	英语	90		√	√	√				
	数字技术应用	72	√	√						
	体育与健康	126	√	√	√	√	√	√	√	
	美育	18	√							
	劳动教育	48	√	√	√	√		√		
	通用职业素质	90		√	√	√		√		
	其他	18	√	√	√					
专业基础课程	建筑识图与构造	80	√							
	建筑工程测量	80	√							
	建筑材料	80	√							
	建筑CAD	60	√							
	建筑施工工艺	100		√						
	现代化施工组织与管理	80			√					
工学一体化课程	施工图交底	100		√						
	建筑材料取样	80		√						
	建筑施工测量	200		√	√					
	施工过程质量检查	240		√	√					
	工程资料记录与整理	100				√				
	工程量计算	120				√	√			
	砖砌体砌筑	100					√			
	施工图绘制	100			√					
	施工生产管理	120			√					
	建筑工程计量与计价	200				√			√	

课程类别	课程名称	参考学时	学期							
			第1学期	第2学期	第3学期	第4学期	第5学期	第6学期	第7学期	第8学期
工学一体化课程	瓷砖镶贴	100					√			
	施工方案编制与实施	280						√	√	
	施工过程安全检查	100					√			
	钢筋制作与安装	100						√		
	模板制作与安装	200						√	√	
选修课程	建筑力学与结构平法识图	80		√						
	装配式建筑施工技术	100					√			
	建筑工程招投标与合同管理	80						√		
	建设工程法规	60			√					
	建筑信息模型（BIM）概论	100				√				
	BIM 技术综合应用	240				√	√			
	机动	188								
	岗位实习									√
	总学时	4 200								

（五）预备技师（技师）层级课程表（初中起点六年）

课程类别	课程名称	参考学时	学期											
			第1学期	第2学期	第3学期	第4学期	第5学期	第6学期	第7学期	第8学期	第9学期	第10学期	第11学期	第12学期
公共基础课程	思想政治	360	√	√	√	√			√	√	√	√	√	
	语文	252	√	√	√				√	√				
	历史	72	√	√										
	数学	144	√	√					√	√				
	英语	162			√	√			√	√				

课程类别	课程名称	参考学时	学期											
			第1学期	第2学期	第3学期	第4学期	第5学期	第6学期	第7学期	第8学期	第9学期	第10学期	第11学期	第12学期
公共基础课程	数字技术应用	72	√	√										
	体育与健康	324	√	√	√	√	√		√	√	√	√	√	
	美育	54	√						√					
	劳动教育	96	√	√	√	√			√	√	√			
	通用职业素质	90	√	√	√	√						√	√	
	物理	36			√									
	其他	42	√	√	√				√	√	√	√		
专业基础课程	建筑识图与构造	120	√											
	建筑工程测量	120	√											
	建筑材料	100		√										
	建筑 CAD	80			√									
	建筑施工工艺	100		√										
	现代化施工组织与管理	100				√								
工学一体化课程	施工图交底	100		√										
	建筑材料取样	80			√									
	建筑施工测量	200		√					√					
	施工过程质量检查	240			√	√	√							
	工程资料记录与整理	100				√								
	工程量计算	120			√	√								
	砖砌体砌筑	100				√								
	施工图绘制	100					√							
	施工生产管理	120							√					
	建筑工程计量与计价	200							√	√				

课程类别	课程名称	参考学时	学期											
			第1学期	第2学期	第3学期	第4学期	第5学期	第6学期	第7学期	第8学期	第9学期	第10学期	第11学期	第12学期
工学一体化课程	瓷砖镶贴	100								√				
	施工方案编制与实施	280									√	√		
	施工过程安全检查	100											√	
	钢筋制作与安装	100									√			
	模板制作与安装	200										√	√	
选修课程	建筑力学与结构平法识图	80					√							
	装配式建筑施工技术	100						√						
	建筑工程招投标与合同管理	100							√					
	建设工程法规	120							√					
	建筑信息模型（BIM）概论	140									√			
	BIM技术综合应用	280										√	√	
机动		716												
岗位实习								√						√
总学时		6 000												